新型研发机构

「四链」融合的生动实践

米 磊 王赫然 赵瑞瑞 陈 力 著

人民邮电出版社
北京

图书在版编目（ＣＩＰ）数据

新型研发机构："四链"融合的生动实践／米磊等著. -- 北京：人民邮电出版社，2024.7
ISBN 978-7-115-63453-5

Ⅰ.①新… Ⅱ.①米… Ⅲ.①科学研究组织机构－研究－中国 Ⅳ.①G322.2

中国国家版本馆 CIP 数据核字(2024)第 051187 号

内 容 提 要

本书是在科技部科技创新战略研究专项的支持下形成的理论成果，也是基于国内新型研发机构现实发展所形成的实践成果。本书以"新型研发机构为什么会出现—新型研发机构到底是什么—新型研发机构的发展如何—国外创新型研发组织有哪些值得学习与借鉴的地方—如何促进新型研发机构的发展"为主线，在理论层面，深入分析新型研发机构发展的时代背景、现实意义、阶段历程、诞生的必然原因等，并系统研究新型研发机构的概念、内涵与外延、定位与功能等；在实践层面，系统分析国内新型研发机构的发展态势，描绘国内新型研发机构的群体画像，并分析典型新型研发机构的案例；同时，对国外典型创新型研发组织进行案例分析，力求为国内新型研发机构的发展提供借鉴；在政策层面，介绍关于新型研发机构认定备案、评价指标的方法论及工具，并提出促进新型研发机构发展的政策建议。

本书可供政府部门、科技管理工作岗位的领导干部参考，也可供新型研发机构、高等院校、科研机构、科技创新创业服务机构的工作人员以及对科技创新发展有浓厚兴趣的大众读者阅读。

- ◆ 著　　　　　 米　磊　 王赫然　 赵瑞瑞　 陈　力
  　责任编辑　 韦　毅
  　责任印制　 马振武
- ◆ 人民邮电出版社出版发行　　 北京市丰台区成寿寺路 11 号
  　邮编　100164　 电子邮件　315@ptpress.com.cn
  　网址　https://www.ptpress.com.cn
  北京盛通印刷股份有限公司印刷
- ◆ 开本：720×960　1/16
  　印张：15　　　　　　　 2024 年 7 月第 1 版
  　字数：180 千字　　　　 2024 年 12 月北京第 4 次印刷

定价：79.80 元

读者服务热线：**(010)81055410**　 印装质量热线：**(010)81055316**
反盗版热线：**(010)81055315**
广告经营许可证：京东市监广登字 20170147 号

编委会成员

序 一

新型研发机构的崛起源于生产关系的革新

　　近年来，新型研发机构逐渐成为国家战略科技力量的重要组成部分。新型研发机构能够发展壮大，得益于制度创新催生的生产关系的革新。纵观改革开放四十多年来的历史，不同经济形态均需要与之相适应的生产关系，以促进生产力的发展。农业经济时代，家庭联产承包责任制将土地"包产到户"，改革了土地要素配置方式，激发了农民的积极性；工业经济时代，《中华人民共和国公司法》出台，允许私营企业注册，优化了生产要素配置，激发了企业家的积极性；进入创新经济时代，核心是优化创新要素配置，以激发科研人员积极性。新时代，要以高质量发展全面推进中国式现代化，加快发展新质生产力。新质生产力以科技创新为核心驱动力。深化科技体制机制改革、建立与新质生产力相适应的新型生产关系变得尤为迫切。新型研发机构由于采用灵活的运作机制和现代科研院所法人治理模式，成为新时代背景下科技与经济融合的重要桥梁，成为解决传统科研院所不适应市场经济需要这一问题的重要手段。新型研发机构之所以如雨后春笋般在各地涌现，就是因为其代表的新型生产关系更加适应创新经济时代市场发展的需要。

　　从现实需求角度看，新型研发机构已成为全国创新体系中的重要力量，在产业技术研发与技术转化上逐步体现其价值。改革开放以来，许多实际充当企业研发机构的科研院所转制成企业，市场机制使得企业技术优势得到充分释放，造就了一批充满活力的高新技术企业；但也导致转制科研院所的发展重心由"技术研发"转向"产品生产"，研发项目数量大幅度减少，产业共性技术的研发支撑面临挑战，同时关键技术安全也亟待加强保障。另外，为促进高校成果转化、解决转制科研院所成果转化中存在的问题，高校、中国科学院系统与地方联合建立了大量产学研载体，但普遍存在领域布局重复、运行机制不灵活等问题，具体表现为成果转化激励机制不完善、机构运行缺乏足够的开放性、资金分配未能充分体现市场导向，缺乏既激励团队又保障机构可持续发展的运行机制。产学研载体一定程度上成为高校科研团队变相获取横向研发经费的工具，不能为地方产业发展提供有效技术供给。

针对新型研发机构如何建、如何管理及如何运行的问题，江苏省产业技术研究院做了诸多探索。例如，建立"院本部＋专业研究所"的新型组织架构，院本部专注于科技资源引进、专业研究所建设、重大研发项目组织，研究所专注于产业技术研发、成果转化、企业孵化等；以"团队控股、轻资产运行"的混合所有制建立专业研究所，把机构的发展与人的积极性紧密关联，使得研究所参建各方成为利益相关的共同体，实现"利益共享、风险共担、各司其职、各施所长"；完善"股权激励"等多种权益分配机制，让研究所的建设发展与个人发展休戚相关。

目前，国内新型研发机构已经掀起了星火燎原之势，截至2021年底，纳入政府统计监测体系的新型研发机构的数量已经达到2412家。在新型研发机构发展的过程中，必须深化改革，优化创新要素配置，鼓励创新、宽容失败，激发科研人员的积极性，建立风险共担、利益共享的分配制度和所有权制度。同时我们也要看到，我国新型研发机构的法人类型不尽相同，有事业单位型，有企业型，也有科技类民办非企业单位型，普遍采取理事会治理模式。典型国外创新型研发组织均有法定身份，如德国弗劳恩霍夫协会是社团法人性质，日本产业技术综合研究所是国立研发法人性质，英国、德国、新加坡等大多采用法定身份。如何界定新型研发机构的法人类型，并采取与之相适应的管理方式，是我国新型研发机构治理面临的新问题。

阅读了《新型研发机构："四链"融合的生动实践》一书后，我发现这是一本追问新型研发机构发展本质与核心的图书，书中系统地阐明了新型研发机构为什么会产生、新型研发机构到底是什么、国外创新型研发组织是怎么做的、国内新型研发机构未来应承担怎样的战略使命，等等。本书承载着作者对新型研发机构在国家创新体系中定位和功能的深度思考。本书不失为一本新型研机构的"指南"，可以为新型研发机构的发展和管理提供支撑和指导；本书还从科研管理的角度对新型研发机构的评价、认定、政策促进等进行了体系化的分析和思考，具有很强的引导性和实操性。

面向科技自立自强，新型研发机构发展道阻且长。新型研发机构要培育的不仅仅是一个个研究院（所），更是繁茂的科技创新热带雨林生态。在此，我向本书的出版表示衷心祝贺，也期待新型研发机构在科技创新中发挥更重要的作用。

刘庆

长三角国家技术创新中心主任

江苏省产业技术研究院院长

2024 年 5 月

序 二

新型研发机构：从"四不像"到"国家队"

1996 年，深圳市政府与清华大学在深圳高新区（南山区）共建了我国第一家以企业化方式运作的科研事业单位——深圳清华大学研究院，拉开了我国科研组织改革创新的序幕。随后，类似于深圳清华大学研究院的新型科研机构在广东、江苏等地陆续出现，如 2006 年成立的中国科学院深圳先进技术研究院（以下简称"先研院"）、2007 年成立的广东华中科技大学工业技术研究院、2013 年成立的江苏省产业技术研究院等。这十几年间，这些机构都没有一个共识性的名称，被业界称为"四不像"——既不完全像大学，也不完全像科研院所，既不完全像企业，也不完全像事业单位。

一直到 2015 年，中共中央办公厅、国务院办公厅印发的《深化科技体制改革实施方案》才赋予了这类机构一个规范的名称——"新型研发机构"，指出要推动新型研发机构发展，形成跨区域、跨行业的研发和服务网络。这标志着国家层面认可了新型研发机构在创新体系中的重要作用，自此，全国新型研发机构进入发展快车道，如雨后春笋般蓬勃发展。2021 年，习近平总书记在中央人才工作会议上明确指出，"集中国家优质资源重点支持建设一批国家实验室和新型研发机构"，把新型研发机构的定位和意义提到了新的高度。随后，2021年修订的《中华人民共和国科学技术进步法》将新型研究开发机构（即新型研发机构）纳入其中，这标志着新型研发机构的法律主体地位得到认可。

从 1996 年第一家新型研发机构成立，到 2021 年习近平总书记对新型研发机构发展作出重要指示，20 多年间，新型研发机构从"四不像"成为"国家队"。这背后既有政府的重视、支持等主观因素在发挥作用，也有顺"势"而为的客观规律。我本人主要从事科技创新和科技成果转化工作，在参与创新实践的十几年间，我和我的团队深刻地认识到，我国科技创新和产业创新的融合程度不深，长期存在科技与经济"两张皮"问题，创新链与产业链之间存在的"死亡谷"致使大量科技成果无法转化为现实生产力。新型研发机构成为架在"死亡谷"之上的"创新桥梁"，它是我国深化科技体制改革的重要成果，也是科研范式变革之下的自然产物，承担起为国家创新发展做好科技成果转化的重要责任。科学技术部火炬高技术产业开发中心（以下简称"火炬中心"，2023年8月底，根据《党和国家机构改革方案》，火炬中心被划入工业和信息化部）受托从2019年起，连续4年开展了全国新型研发机构的监测评价工作。我和我的团队连续两年参与火炬中心关于新型研发机构的研究课题，对全国多家新型研发机构进行持续跟踪和深入调研。在我看来，新型研发机构的发展顺应了以下4种"势"。

一是顺应了基础研究、技术开发、产业化一体化融合发展的科技创新范式演变之势。二战后，受《科学：无尽的前沿》一书的积极影响，世界主要国家不断加大在基础研究方面的布局和投入力度，推动科技创新快速发展。与此同时，形成了"基础研究—技术开发—产业化"的三段论，认为科技创新始于基础研究，有了基础研究的成果才能进行技术开发，然后才能进一步进行产品开发和产业化。受此影响，我国的科技创新体系也形成了"大学、中央科研院所主要负责基础研究""行业院所主要负责技术开发""企业主要负责产业化"的格局，由此形成了科技成果转化的问题，即把高校、科研院所产出的科技成果向企业转化，这就把科技创新线性地割裂开来。但本质上，基础研究、技术开发和产业化不存在严格的先后顺序，科学发现与技术发明是并行存在且相互促进的。21世纪以来，科技创新范式发生了深刻变化，基础研究、技术开发、产业化之间的先后顺序和边界变得不再清晰，而是呈现非线性的一体化融合趋势。新型研发机构的产生恰恰顺应了科技创新范式的演变趋势，以产业化需求为牵引，加强应用研究和基础研究（可参考巴斯德象限），形成更加符合我国当前科技创新发展实际的新范式，因此新型研发机构呈现出蓬勃、巨大的生命力。

二是顺应了新型科研机构对高层次科研人才的新需求之势。我国科技体制机制长期存在管理机制复杂、人才激励不足、受国有资产管理制度约束较多的问题，因此科研人员的积极性、主动性、创造性难以充分激发出来，特别是一些产业技术研究领域的科研人员在转化科技成果时往往面临体制机制障碍。新型研发机构的出现给科研人员开展科技创新活动提供了宽松的制度环境，科研人员可以相对更自由地支配经费、时间，因此创新效率得到明显提高。近年来，我们发现越来越多的科研人员，尤其是高层次的海归科研人才，更愿意到新型研发机构从事科研活动。从美国回到北京生命科学研究所的王晓东博士以及从美国回到深圳医学科学院的颜宁博士，他们都不约而同地选择到新型研发机构工作。近年来，国内高层次科研人才也逐步认识到新型研发机构的优势和价值，我们看到不少大院大所和知名高校的科研人员也都愿意到新型研发机构工作。现在，新型研发机构对高层次科研人才的吸引力越来越大，越来越多的科研人员愿意从北京、上海、武汉、西安等地的高校、科研院所到新型研发机构工作，并在新型研发机构做出了卓越的成绩。党的二十大对教育、科技、人才进行一体化部署，相信新型研发机构一定会成为国内外高层次人才的蓄水池，在集聚高层次人才，促进教育、科技、人才深度融合方面做出更大的贡献。

三是顺应了我国企业对高水平产业技术供给的巨大需求之势。我理解，新型研发机构之所以出现且蓬勃发展，根本上是需求使然，这种需求就是企业对技术的需求。长期以来，我国存在面向企业的技术供给不足的问题。这里主要有两方面原因。一方面，20 世纪 90 年代，原属于行业部门的科研院所转制为企业，行业共性技术研究出现空缺，导致广大中小企业的技术需求，特别是产业共性技术需求无法得到较好的满足。另一方面，高校院所的科研人员对广大中小企业的技术需求的关注度以及与企业的合作意愿较低。近年来，随着各级财政科研经费不断增长，科研经费保障较为充足，高校院所的科研人员把主要的精力和时间都放在申请政府科研项目上。因此，科研人员特别是高水平科研人员对企业技术需求和企业的横向科研项目关注度不够、参与意愿不强，可以说横向科研项目是"既没有名，验收难度又相对较大"，这也就导致了中小企业的技术需求得不到满足。而新型研发机构的定位恰恰是为广大中小企业提供技术供给和研发服务，很好地补齐了这个短板，因此其呈现出蓬勃的生命力。未来，在提升企业科技创新能力方面，新型研发机构的重要技术供给作用一定会愈加凸显。近期，我国某企业在智能制造机器人方面取得重大技术突破，解决了该领域的"卡脖子"和国产化替代问题，据我了解，这个项目的技术来源正是一家标杆性的新型研发机构——江苏省产业技术研究院。

四是顺应了我国科技创新体系结构性改革的需求之势。我国的科研机构主要是政府出资设立的事业单位性质的高校、科研院所及各类实验室等，这与国外的情况有很大不同。在美国、德国、英国、日本等创新发达国家，有大量的非政府设立的非营利性质的、社会化的科研机构，有一些在世界上享有盛誉，如美国国家制造业创新研究院、比利时微电子研究中心、德国弗劳恩霍夫协会等，这些科研机构与政府设立的科研机构形成了很好的功能互补。政府设立的科研机构更多聚焦于国家前沿战略，非营利性质的、社会化的科研机构则更多聚焦于产业技术提升，从而形成了较为完整的科研生态体系。我国新型研发机构作为非营利性质的、社会化的科研机构，虽然起步晚，但近年来发展速度很快，已经形成了与公办高校和科研机构相互补充、三足鼎立的初步格局。但是与国外相比，我国新型研发机构在建设能力上还有很长的路要走，特别是在高水平产业技术研发方面，具有广阔的发展空间和光荣的责任使命。

在教育、科技、人才融合发展的大趋势下，新型研发机构必将会在我国科技创新体系的舞台上呈现出越来越明显的优势，发挥出越来越重要的作用。我们在《新型研发机构："四链"融合的生动实践》这本书中，对新型研发机构的概念、内涵与外延、定位与功能等进行了系统、详尽的阐释，对如何推动科研向现实生产力转化给出了答案。希望本书对新型研发机构、高等院校、科研机构、科技创新创业服务机构的工作人员，都有所助益。

米磊

"硬科技"理念提出者

中科创星创始合伙人

2024 年 5 月

目 录

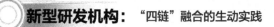

第一章

与时俱进：
新型研发机构发展的
时代背景

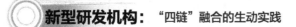

在科技革命和产业变革的演进中，科技创新的发展范式、组织方式也在不断发生深刻变革。聚焦中国实际，"坚持科技是第一生产力、人才是第一资源、创新是第一动力""完善科技创新体系""加快实现高水平科技自立自强"等重要论断的提出，均突出强调了科技创新在我国未来发展中的重要性，这意味着科研机构必须改革创新，加快建设引领创新驱动及新兴产业发展的新型研发机构迫在眉睫。本章主要从科技创新的规律演进出发，分析新型研发机构发展面临的大形势，并以教育、科技、人才为分析框架，厘清新型研发机构发展的作用机理，结合国家关于科技创新的要求，阐述新型研发机构发展的现实意义。

第一节　科技创新的规律演进

1. 科研范式中线性模式和应用模式共存

2021年，习近平总书记在中国科学院第二十次院士大会、中国工程院第十五次院士大会、中国科协第十次全国代表大会上指出："当前，新一轮科技革命和产业变革突飞猛进，科学研究范式正在发生深刻变革，学科交叉融合不断发展，科学技术和经济社会发展加速渗透融合。"科学研究范式（以下简称"科研范式"）是科学共同体为使日常科研工作高效有序运转所依赖与普遍采用的一套规则体系的集合，包括建制环境、研究路径、评价体系、研究方法、研究工具、技术路线等。

在漫长的人类历史中，早在古希腊时期，大部分科学研究由贵族出资开展。在近代科学发展初期，科学活动也独立于政府之外，主要是一种科学爱好者基于个人兴趣开展的业余活动，主要依靠个人自由探索。19世纪，大学制度改革推动了科学向体制化、职业化方向发展，科研范式上相对奉行个人英雄主义，如爱因斯坦、居里夫人等凭借个人努力取得了杰出的科学成就。同时，政府也对大学进行资助、提供支持，但当时的支持力度比较微弱。

二战期间，线性科研范式被提出并受到普遍认可，也影响了很多国家的科学技术研究框架建设和相关政策制定。1945年7月，范内瓦·布什在《科学：无尽的前沿》报告中提出了"科学研究应遵循的线性模型"，即"基础研究带来应用研究，应用研究带来技术发展，最后成为商品和服务"。范内瓦·布什的报告及其线性模型为科学和技术共存提供了框架性的思路，也推动美国等国家加大对基础研究的支持。

二战之后，技术发展的重要性日益强化。许多西方国家积极推动科学与国家战略、军事、商业和社会等多元目标相结合，促进了技术的发展。一方面，基础研究需要转化为技术，才能应用于具体的战略任务、商业发展中，技术发挥着中介连接、纽带桥梁作用，所以技术发展水平对整个创新体系效率的影响引起了更多的重视，技术犹如高速公路的连接处，如果连接处是薄弱的、狭窄的，就会影响整体效率。另一方面，在社会需求和产业拉动下，许多传统基础性学科不断分离，向新兴的技术性学科演进，如生命科学、电子学、计算机科学、智能科学、自动化、激光、材料科学、空间科学等，这些学科领域的技术问题更突出。此外，在国家的科技政策方面，英美等国家非常重视引导开展有商业价值的科学和技术研究活动。英国在撒切尔政府时期推行中央集权的科技政策，通过国家科研经费的分配来引导英国科学家从

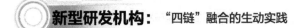

事有商业价值的研究。美国在里根政府时期通过了《拜杜法案》，明确了以联邦政府资金资助大学和国家实验室的研究，授权民间企业共同开发生产，以及分享研究成果所带来的实质回报。

在随后的发展中，基础研究和应用研究的贯通一体化趋势越来越强。曾在美国国家科学基金会主席顾问委员会工作、时任普林斯顿大学研究生院院长的 D.E. 司托克斯，出版了《基础科学与技术创新：巴斯德象限》一书，对近代科学产生以来的基础研究与应用研究成果进行了梳理，他认为线性科研范式存在片面性，因此提出了四象限分类：一是纯基础研究的波尔象限；二是既包含应用研究，也包含基础研究的巴斯德象限；三是纯应用研究的爱迪生象限；四是"包含那种探索特殊现象"的研究（既不考虑一般的解释目的，也不考虑其结果会有什么应用）的"皮特森象限"。对于在巴斯德象限中的一些学科，由应用驱动的基础研究既能产生突破性科学成果，又可以进入产业化过程，使科学知识和商业价值合二为一。在大科学时代，科学和技术一体化程度不断深化，科学和技术的研究边界日趋模糊，为了满足好奇心的自由探索式的研究日渐式微，面向价值、面向需求、追求更加确定的结果的科学和技术研究成为主流范式。

2. 科研组织向融合化、开放化演进

科研组织是进行科技创新的基本单元，科研组织伴随科研范式的变迁而演进。总体来看，科研组织的发展有以下趋势：在定位上，更加注重研究与应用融合；在组织机构上，逐步从封闭机构走向开放平台；在功能实现上，更加强调生态对科技创新的赋能作用，更加有效地组合科研、产业、金融、

中介服务等各类要素，构筑起局部创新微生态。具体来说，主要有以下几个发展阶段，具体如表 1-1 所示。

表 1-1 近代以来科研组织的演进

发展阶段	主要功能	主要形式	主要驱动力	主要参与力量
18 世纪到 19 世纪初	• 知识产生 • 知识传播	• 大学 • 相对封闭的组织	教授或学者的认知驱动	• 私人资助 • 科研精英开展研究
20 世纪初到 20 世纪 90 年代	• 知识产生 • 知识传播 • 知识应用	• 以大学为主，同时也出现了政府或产业界建设的实验室 • 组织不断开放化发展	• 主要学科发展驱动 • 受一战等的影响，部分科研由应用驱动 • 二战、冷战时期应用驱动科研的趋势越发显著	• 私人资助 • 政府资助 • 产业界资助 • 科研精英开展研究
20 世纪 90 年代之后	• 知识产生 • 知识传播 • 知识应用（越发重要）	• 大学 • 科研院所 • 由大学和科研院所等科研界、产业界、金融界共同参与建设的科研组织不断涌现 • 混成式科研组织	• 学科驱动 • 应用驱动	• 政府资助 • 产业界资助 • 金融界资助 • 科研精英开展研究

在第一个发展阶段，科研组织涌现。近代科研组织和企业组织自 18 世纪出现，起源于近代科学产生和第一次工业革命。到 19 世纪初，在以科学研究为重点、个人英雄主义盛行的科研范式阶段，大学是主要的科研组织。以德国柏林大学改革为代表的大学改革运动确立了科研在大学职能中的重要地位，并且这种集教学和科研于一体的大学科研组织形式很快就扩展到其他国家。这一阶段，科研组织主要依靠教授或学者的认知驱动，主要功能是知识的产生、传播。

在第二个发展阶段，科研组织开始面向应用。从一战开始，物理、化学等学科发挥了越来越重要的作用，知识的生产与应用联系起来，政府、产业界、基金会等非学术组织加大对科研的支持，除了大学之外，少数领域内的精英集中加入政府或产业界建设的实验室。特别是到了二战及之后的一段时期，科学进入国家战略、军事、商业和社会等多元领域，在科研范式上，技术的重要性得到强化。与此同时，科研组织也更加开放化，大型的实体或者非实体的科研组织开始涌现，瞄准国家战略、产业应用，例如，在聚焦产业应用方面，德国布局了弗劳恩霍夫协会这一实体研究机构。这一阶段，战略驱动型的科研组织诞生并发展，特征是注重研究和应用的协同，科研组织的功能更加强调知识产生、知识传播和知识应用。

在第三个发展阶段，混成式科研组织发展。20 世纪 90 年代以来，各个国家或地区更加重视将基础研究的价值进一步应用于产业和经济发展中，以解决创新驱动力不足的问题，科研组织进一步发展演进。在新一轮科技革命和产业变革的背景下，在新的领域，知识是理论性的，同时也是面向实践的、可商业化的，不遵从线性科研范式，科研组织走向融通发展，出现了科技创新的"混成式科研组织"。混成式科研组织的功能包括知识的产生、传播和应用，且更加强调三者之间的互动关系。混成式科研组织能够更加灵活地匹配各类创新资源要素，科技、产业、金融、中介服务等不同领域的创新能力或者资源在混成式科研组织中交融。最重要的是，政府力量更多地参与科研组织中，比如德国弗劳恩霍夫协会、日本产业技术综合研究所等都有政府强力的支持；政府甚至直接参与市场中的创新活动和创新组织建设，比如2012 年美国政府推出"全美制造业网络计划"，提出围绕主要制造业集群建设 45 个美国制造业创新中心。

第二节　新型研发机构发展的作用机理

在新一轮科技革命和产业变革中，科技创新范式日新月异，科技创新在未来发展中至关重要，科研组织和产业组织也必须进行改革创新，新型研发机构是科研组织创新和变革的典型实践，其萌生和发展得到政府、科研界、产业界等多元力量的支持，在发展过程中，需要平衡、兼顾国家高度重视创新、地方要求科技引领发展、高校院所希望促进学科建设等多方需求。党的二十大报告指出，教育、科技、人才是全面建设社会主义现代化国家的基础性、战略性支撑。新型研发机构便是教育、科技、人才融合发展的生动实践。

1. 将教育资源转化为科技资源

教育是基础研究活动和基础研究成果传承的过程，高校院所则是开展教育活动的主要场所，其拥有师资储备、学科传承，推动了教育活动的开展及知识成果的传播。新型研发机构构建了一个混合型制度空间，推动了以高校院所为主的教育资源与地方真实的创新需求相结合，并将其转化为能够创造和提升现实生产力的区域科技资源。产生知识的基础研究阶段、产生技术的应用研究阶段和创新阶段需要不同的激励结构。以高校等为主体的基础研究机构的激励机制对首先发现科学规律并公开其科学发现的研究人员给予奖励，但进行基础研究绩效评估的不是高校校长或资助高校运营的纳税人，而是研究人员的学术界同行。对于应用研究阶段的激励，需要根据研发绩效评

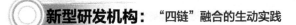

估给予相应的经济激励。基于企业战略或运营目标进行最终研发绩效评估的是产业界人员，不是学术界人员。

混合型制度空间的价值体现在新型研发机构创造了一个基于基础教育资源的市场化制度空间，形成了与应用研究阶段相匹配的激励方式。新型研发机构围绕地方的产业需求，以市场需求为导向开展逆向创新，在连接研发需求与供给的过程中，充分发挥了市场在资源配置中的基础作用。依托教育资源开展基础研究而产生的知识成果本不是商品，新型研发机构通过市场化的制度安排，推动知识成果经过试验、开发、应用等活动成为现实的创新资源，转化成产品原型，再转化成可商业化的新产品、新工艺、新材料和新服务，使其最终具备经济价值和产业竞争力。

在将教育资源转化为创新资源的过程中，新型研发机构以产业需求为导向，培育了更多产业界需要的研发型人才，为产业界输送了人才资源。比如，北京协同创新研究院采用“四双”人才培养模式，培养了一批面向产业的创新创业人才。“四双”模式主要内容如下。一是“双课堂”，学生不仅需要在高校学习专业理论课程，还需要在北京协同创新研究院学习创新创业课程，并以真实项目为基础组队进行创新创业训练。二是“双导师”，学生将得到两位导师的联合指导，一位是学生所在高校的学术导师，负责指导理论学习；另一位是来自北京协同创新研究院及企业的创新导师，负责指导课题研究或创业训练。三是“双身份”，学生不仅是学生，也是创业者。学生牵头或参与真实项目科研转化和创业项目训练，可获得立项经费支持并分享成果转化收益。四是“双考核”，除考核学术专业成绩，还将科技成果产业化成效作为考核指标，双达标后授予学生学位。在“四双”模式下，多数学生毕业后还会持续参与项目，这推进了技术的有序转移，提高了技术转移成功率，形成了"人才＋创新"和"人才＋创业"的内生发展模式。

2. 推动科研与产业一体化循环

新型研发机构高效自循环的起点是科技创业，科技成果转化最有效的方式也是科技创业，因此涌现出大量前沿创业或硬科技创业项目，实现从科学家到企业家、从资本到企业资产、从技术到产品或服务的第一轮循环，加速科技成果价值实现。

新型研发机构的第二轮循环是在孕育了成功的科技创业项目的基础上，技术、人才、资本的进一步循环。在第一轮循环中，技术成果转化为成熟的产品或服务。通过对市场需求的进一步掌握，对成熟产品不断进行升级研发、技术迭代，实现了技术研发的再创新，这是技术的进一步循环。同时，在人才的循环上，也存在人才从创业企业到科研学术界的回流，从而实现连续研发或者连续创业。在全球创新最活跃的美国硅谷、以色列特拉维夫等地，科研人员连续创业，促进了创新生态的持续自循环。在资本的循环上，在科技创业中，新型研发机构发起投资基金，支持创业项目，创业项目获得成功后，新型研发机构出资继续投资孵化企业或者创业者，机构转变为天使投资人，以实现资本要素的良性循环。

新型研发机构的第三轮循环是沿着 E（工程化）—T（技术）—S（科学）的发展路径，实现科研和产业一体化发展。在初始发展阶段，把握产业真实的需求，推动高校院所成果的转化和产业化，逐步形成核心技术研发能力，并逐渐向基础研究领域延伸拓展，加强科学研究。比如，先研院率先探索出了一条"E—T—S"的发展路径。先研院已经进入布局前沿科学研究板块的阶段，深圳理工大学依托先研院而建，建设过程更加注重教育和科学融合。先研院基于已有的科研力量，与中国科学院在粤的科研机构和重大科学装置融合发展，发挥中国科学院"所系结合"的优势，同时探索建立学院、研究院、书院"三院一体"的人才培养模式，注重学科交叉与集成创新，培养国际化、创新型、复合型领军人才，向基础研究领域进军。

3. 促进人才跨界自由流动

新型研发机构实现从科研到成果转化，再到将教育资源转化为科技资源的最根本路径是打造了人才在教育界、科研界、产业界自由流动的"旋转之门"，形成了科技成果、资本要素等各类资源跟着人才走的通道，如高校教授直面产业，成为新型研发机构的研究力量，进而可能成为科技创新企业的创始人、合伙人等。伴随着人才流动，创新能力从高校院所向产业界转移，科研人员个人的研发能力变成产业、地区和国家的创新实力。

新型研发机构解放了人才，尤其是解放了在高校院所中具有产业领袖思维、擅长从事成果转化的人才。新型研发机构更加看重具有产业战略思维的人才，强调资源集成、协同创新。鼓励有产业思维、视野和操盘能力的科研人员向产业界流动，是新型研发机构促进成果转化最有效的方式之一。比如，德国弗劳恩霍夫协会下属的各研究所设置了60%的研发流动岗，推动科研人员进入产业界的企业工作，通过人才共享机制，促进高校或者研究所的科研始终与产业界保持黏性互动，推动技术随着人才的流动而转移，进而使技术扩散到产业界。

新型研发机构凝聚了人才，通过更灵活的人才激励机制，引进和集聚了一批地方所需的创新人才。新型研发机构能够通过灵活的人才培养方式、柔性的人才引进机制，为地区产业发展引进优秀创新人才。比如，北京部署了世界一流新型研发机构，引进了一批全球顶尖科研人才作为牵头人，北京雁栖湖应用数学研究院于 2020 年引进了国际著名数学家、美国国家科学院院士、中国科学院外籍院士丘成桐，由他担任院长，在其带领下，研究院集结了国际化、高端化的科研人才队伍，其中，25% 为外籍，70% 有国外学术背景，90% 毕业于世界排名前 100 的大学。为了更好地吸引高端外籍人才担任新型研发机构的引领者，北京市结合实际需要，于 2019 年 2 月制定实施了《北京市外籍人才担任新型研发机构法定代表人登记办法（试行）》。

新型研发机构主要通过培育产业界所需的人才，实现对高校院所教育功能的促进。北京等地支持新型研发机构开展博/硕士招生培养工作，赋予新型研发机构教育人才的功能，并取得了一定的成效。新型研发机构更加平台化，人才培养方面更加重视发挥科研人员自主研发的能动性。比如，北京生命科学研究所（以下简称"北生所"）是国内最早实行轮转和双向选择的科研单位之一，对比传统的"一对一"招生模式，轮转制度相当于给了师生双方自由选择的机会，实现了在人才教育培养中"老师围着学生转，而不是学生围着老师转"的局面。从 2005 年到 2021 年，北生所累计培养博士研究生 681 人，在已经毕业的近 400 名博士中，约 1/4 成为清华大学、北京大学、中国科学院、剑桥大学等知名高校院所的教授或实验室主任。

第三节　新型研发机构发展的现实意义

1. 促进“四链”融合发展，打造新型创新组织

在我国长久以来的科研布局中，科研组织与产业组织呈割离状态，彼此少有交集，创新活动和创新过程大多存在于各个要素组织的内部，缺乏耦合的条件。在特定历史条件下，我国形成了科研组织“五路大军”，分别是科学院系统、教育部系统、国防部系统、产业部门系统及地方科研系统。我国的科研组织具有集中科研力量解决某些重大科技问题的优势，但也存在许多弊端，主要表现为研究机构与企业的分离，教育、研究与生产的脱节，以及军民分治、地区分割。自 20 世纪 90 年代以来，孵化器、创业服务中心、大学科技园、生产力促进中心等各类创新服务组织的建设基本成形，这些创新服务组织大多诞生于高校院所周边，通常也在城市高新技术产业开发区范围内，培育了科研和产业结合的土壤，因此在促进高校院所技术的突破应用和扩散方面发挥了重要的作用。

随着新一轮科技革命和产业变革的不断推进，科技创新的阶段划分越来越模糊，现实中发生的许多创新不是在已经形成确定性科技成果后才开始进行转化的，而是以转化为主线，在技术研发阶段，就面向现实应用和成果转化，在转化过程中伴随着知识创造、中试或二次开发等活动。科技创新活动中“系统优于个体”的特性愈加凸显，创新生态系统的赋能能够减小科技

创新的不确定性。所以，科技创新的新趋势要求创新服务组织增强自身对客体的赋能能力，由于科技成果转化和转移的过程具有不确定性，融资难问题普遍存在，科技成果转化普遍缺乏"第一桶金"。对成果转化制约比较明显的还有高端设备和工艺平台，一般的成果转化难以承受初期就需要投入大量资金购买设备和建设平台的压力。因此，创新服务组织需要向科学发现、技术发明、产业发展一体化方向转变，聚合创新生态中的人才、资本、服务等多元化的资源，推动科学家、企业家、投资者深度合作，推动知识、技术转化，使其走进应用场景。

新型研发机构是具有科技、产业、经济、中介服务、金融等多元功能属性的混成式科研组织，天然地适应"四链"（创新链、产业链、资金链、人才链）融合的需要，兼具公立和市场属性，能够结合政府和市场的力量。在具体的创新活动开展方面，尤其是在科技成果转化方面，新型研发机构探索出了一种根植于中国国情的、不同于传统科研机构和产业技术研究院的科技成果转化模式，可以称为"创新内部一体化"或者"微生态"。具体而言，这种科技成果转化模式，就是新型研发机构在促进科技成果转化方面，不断通过业务和功能扩展，试图覆盖创新链的更多环节，将整个创新链"内部化"，最终形成包含应用技术研发、创业投资、孵化、人才培养，乃至基础科学研究的多位一体的功能矩阵。这种创新模式，将处于创新链上不同环节的机构的合作转化为同一机构内部部门之间的合作，由于内部部门之间可以更好地共享信息，且接受统一领导，因此显著降低了协作成本，具有更高的创新效率。

2. 均衡区域科创资源，推动技术流通扩散

新型研发机构的成立，根本上源自我国整体科技供给与需求在空间上的错配矛盾。所谓空间上的错配，指的是我国的科技资源（代表科技供给）与我国的高科技产业集群（代表科技需求），在空间上离得太远。这一现状是由历史发展路径造成的。一方面，我国的科技资源布局基本是在改革开放之前形成的，科技资源较为均衡地集中在省会城市，三线建设扩大了科技资源在中西部地区的布局。另一方面，我国的现代高科技产业集群基本是在改革开放之后依靠承接全球产业转移、参与全球分工而形成的，因此主要分布在东南沿海地区。据粗略统计，我国东部五省市（浙江、江苏、上海、广东、福建）的高技术产业营收是西部五省市（四川、陕西、湖南、湖北、重庆）的 3.83 倍，而东部五省市高校院所的 R&D（科学研究与试验发展）人员数量却只是西部五省市的 1.13 倍。

距离上的遥远客观上阻碍了产学研合作关系的形成，导致东部地区在向产业链高端爬升、亟须技术升级的时候，面临科技资源匮乏、技术供给不足的困境。新型研发机构的出现有效地均衡了区域科技创新资源（以下简称科创资源）布局，解决了科创资源的供需矛盾，促进了技术的流通和扩散。新型研发机构为区域科技创新协同发展提供了一个合作的平台，通过政产学研金服用创新联合体的形式，开展校地合作、院地合作，对科创资源进行跨地区、跨行业、跨组织的投射，实现创新供给的重新布局和释放。同时，新型研发机构在继承传统科研机构的科研功能的同时，与市场需求相结合，既能满足科技创新的需求，也能满足市场的需求，对于科技成果丰富但市场化

不高的地区，有助于其快速形成市场所需产品，大大提升成果产出和转化效率，加快地区产业聚集，推动经济高质量发展。

科创资源稀缺的地区与大院大所合作建设新型研发机构，进一步弥补了其科创资源的先天不足。比如，深圳大力支持新型研发机构的建设，打造了先研院、深圳华大生命科学研究院等一批新型研发机构，从科创资源极度匮乏的"科技沙漠"迅速转变为以自主创新为特征的"科技绿洲"。对科教资源丰富的地区而言，新型研发机构成为高校院所、科技园区的升级与补充，进一步满足了地区企业科技创新和市场对成果产业化的需求，解决了科技成果异地转化的问题，激发了内生动力，促进了地区的经济发展。比如武汉利用本地高校、企业，面向光电子、新材料等前沿方向组建了10家新型研发机构（工业技术研究院），形成了一批具有自主知识产权和广泛应用前景的重大原始创新成果，形成了战略性新兴产业集群式发展格局。

3. 强化需求导向科研，提升创新活动效率

高校院所一直是我国科技创新体系的重要组成部分，是科技成果的主要供给源。改革开放以来，我国在经济实力和生产力大幅增强的同时，对科技成果产业化的需求度也越来越高，原有的在计划经济体制下形成的科技体制已不能满足市场经济的需要。在原有科技体制下，我国的高校院所长期以来以单纯科研、教学、人才培养等工作为主，主要遵循"科学研究—应用研究—技术开发—商业应用"的创新线性模式开展科研活动，且重点聚焦"科学研究"的前端，游离于产业体系之外，缺乏市场导向，与企业需求存在鸿沟，基础研究的成果没有明确的应用对象和应用场景，同时，也存在研发团

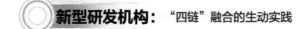

队绩效激励不足、成果转化融资不完善等问题，致使科技成果无法转化为真正的生产力。

新型研发机构作为双向连通高校院所、地方政府、企业和市场的桥梁，是科技成果从科研端流向产业端、技术需求从市场流向高校院所的主要发力点。高校院所通过新型研发机构与市场和企业进行对接，进一步了解市场需求，缩小技术成果到市场化产品的距离。同时，新型研发机构通过广泛与企业开展"合同科研"或者采用共建联合研发中心等形式，从事企业技术需求导向的研发，实现自身的人才（智力）优势与企业需求的结合，提升产业技术供给水平。在与企业合作研发的过程中，新型研发机构还通过人才流动等形式，发挥孵化企业的研发功能。一些新型研发机构的人才团队在承担企业研发任务或与企业开展联合研发的过程中，整建制地流动到企业，成为企业的研发中心，提升了企业作为创新主体的研发能力，提高了创新活动的效率。

江苏省产业技术研究院坚持按照需求导向开展科研，提出"以研发为产业、技术为商品"，在具体的模式适配中，探索出"合同科研"等有效模式。新型研发机构根据相关科研项目在市场上发挥的作用和创造的价值，以及是否被市场接受等，提供相应的资金支持，这促使研究院的科研人员紧跟市场需求，研发更多满足市场需求的技术和产品，而不是闭门造车。

4.聚焦关键共性技术，加强核心技术供给

共性技术介于基础研究和应用研究之间，是在多个领域内已经或未来有可能广泛采用、对多个产业发展起到根基作用的基础技术，它具有通用性、

关联性和系统性的特点，是发展创新链和产业链的基础。2019 年，习近平总书记在主持召开中央财经委员会第五次会议时指出，要建立共性技术平台，解决跨行业、跨领域的关键共性技术问题。国内通过院所转制，将科研院所推向市场，市场机制使得转制院所的技术优势得到充分释放，造就了一批充满活力的高新技术企业；但是转制之后，原院所的发展重心由"技术研发"转向"产品生产"，产业关键共性技术的研发与供给缺乏。同时，关键小众领域，如光刻机、透射电子显微镜等，由于市场价值小，难以成为转制院所研发生产的重点，这导致关键小众领域也缺乏研发供给。

新型研发机构的出现，在一定程度上解决了行业共性技术研发和服务平台缺失的问题。德国弗劳恩霍夫协会是典型的新型研发机构，其对研发的要求是不与企业争利，协会不能从新技术或创新的商业运作中直接获得利益。一方面，该协会与中小企业进行科研合作；另一方面，政府提供了一定的科研资金，使得协会能够从事高风险的先进技术的基础研究，能够开展行业共性技术和关键领域的研发。在国内，根据火炬中心的调查，超过 80% 的新型研发机构开展了基础研究、应用研究和产业关键共性技术研发。

除了开展关键共性技术研发之外，新型研发机构积极围绕行业共性需求搭建共性技术平台，针对国内中小企业、初创企业难以承担部分技术平台硬件投资费用的痛点，为创业企业提供共享共用的研发、小试中试、小批量等装备与平台，解决成果转化中缺乏工艺能力、工程制造能力的问题。新型研发机构建设行业共性技术平台，实现行业共性技术平台共建、共享、共用，能够满足更多企业的创新需求。在企业自建平台的情况下，假设 1 亿元的资金能够支撑 10 家企业的发展需要，新型研发机构能够联合多家企业，1 亿

元的资金有可能满足 100 家企业的发展需要。比如，陕西光电子先导院采用
“国有搭台、民营唱戏”的模式，围绕关键核心技术攻关和创业企业核心需
求，打造了半导体芯片研发中试平台，吸引 30 余家光电子企业入驻，有效
加快了企业的研发进程，缩短了研发周期，大大提高了创业成功率，从而赋
能整个光电子行业发展。

第二章

方兴未艾：
新型研发机构在
中国应运而生

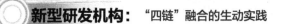

新型研发机构：“四链”融合的生动实践

　　国内新型研发机构起步于 20 世纪末，关于其“新型”的阐述，源自深圳清华大学研究院的“四不像”理论。在各方的需求和支持下，新型研发机构如雨后春笋般出现，从地方科技创新的实践逐步走入国家科技创新的话语体系，成为国家创新体系中的重要力量。本章重点分析国内新型研发机构诞生的必然性，并结合新型研发机构发展的实际情况、关键事件、阶段特点等，简析我国新型研发机构的发展历程。

第一节　我国新型研发机构的兴起与演变

1. 创生萌芽期：20 世纪 90 年代中后期—21 世纪初

　　新型研发机构的历史最早可以追溯到 20 世纪 90 年代中后期，亚洲金融危机爆发后，我国经济发展遇到瓶颈，企业产业改造升级的愿望非常强烈，新型研发机构便在我国东南沿海地区创生发展。

　　1994 年，国家科委、国家体改委相关政策的出台为新型研发机构诞生提供了支撑，当时，国家科委、国家体改委联合下发的《适应社会主义市场经济发展、深化科技体制改革实施要点》中就提出，“在试点单位推行现代科研院所制度，实行院所长负责制、理事会决策制、监事会监管制，试行固定编制与人员流动相结合、职务工资与课题工资相结合的双层人事制度和分配制度”。该政策为新型研发机构的诞生提供了政策空间，但当时政策中现代科研院所制度改革的对象为国家科研机构，改革主要是为了去行政化，激发科研机构的活力。但这一改革也为新型研发机构的诞生提供了一定的方向指引。

全国第一家新型研发机构诞生于深圳。深圳清华大学研究院是国内成立最早的新型研发机构，这是普遍共识。1996 年 12 月，清华大学与深圳市政府开先河，组建了面向市场、以企业化方式运作、理事会领导下院长负责制的深圳清华大学研究院，它成为国内最早建立的新型研发机构，并在机制创新上提出了"三无"机制——"无行政级别、无事业编制、无财政拨款"。促使深圳清华大学研究院成立的原因是 20 世纪 90 年代初期，原本支撑深圳经济发展的加工贸易业出现严重滑坡，这让深圳率先意识到支持经济和产业创新的动力不足，由此践行创新发展战略，寻求科技资源以支撑高新技术产业发展，力求突破技术缺乏、人才缺乏的制约。同一时期，国务院提出了"科技工作要面向经济建设的主战场"的口号，号召强化技术开发和推广，加快科技成果商品化、产业化的进程。为了在高校和企业之间、科研成果和市场产品之间搭建桥梁，清华大学与深圳市政府创建了深圳清华大学研究院，其战略目标为"服务于清华大学的科技成果转化、服务于深圳的社会经济发展"。

第一份含有"新型研发机构"字样的官方文件诞生于上海。2002 年发布的《上海市"十五"科技和教育发展重点专项规划》首次在政策文件中提出"集聚科研院所、高校、企业的资源，大力发展各种新型研发机构"，并将重点领域的技术研究院、工程技术中心等纳入新型研发机构范畴。上海发展新型研发机构并非基于"四不像"理论，而是将新型研发机构理解为产学研合作的一种载体。

总体来看，早期的新型研发机构主要是东部沿海地区的个别城市与高校

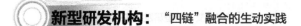
院所合作建设的、不同于体制内高校院所性质的研发平台，它们是产学研合作深化的结果。

2. 探索建设期：21 世纪初—2012 年

2008 年国际金融危机后，为稳定经济增长，我国十大产业调整振兴规划相继出炉。一方面着眼于短期目标，即要通过扶持产业发展，应对经济下滑的局势，为实现保增长、保就业的目标做贡献；另一方面着眼于长期目标，希望通过对各个重点行业进行梳理、重组，并借助财政政策、税收政策等，形成长久的产业竞争力。为了形成更加长久的产业竞争力，各个地区开始布局产业技术研究院。

基于各区域的发展实践，具备一定的产业体量和财力基础但是当地缺乏高校院所布局的非区域中心城市，较早地开展了产业技术研究院的校地、院地布局建设，主要目的是依托新型研发机构为当地产业注入更多研发成果，促进产业转型升级。比如，江苏省昆山市于 2008 年设立了昆山市工业技术研究院，初期主要聚焦两个产业方向的科技创新服务，一个是区域具备坚实产业基础的装备制造产业，另一个是区域布局培育的小核酸产业。山东省淄博市也是这一时期布局新型研发机构的一个典型。2010 年前后，淄博市围绕市级主要的无机非金属材料、有机高分子材料、生物医药等重点产业，先后与山东大学、天津大学、武汉理工大学等国内高校布局建设了一批产业技术研究院。这批产业技术研究院历经十余年的发展，为当地产业引入了相应的技术、新生的创业团队等。昆山市、淄博市等产业基础强、创新资源不足的地区在这一时期建设新型研发机构有若干共同点：一是院地、校地合作的新型研发机构大多布局在城市的高新技术产业开发区等产业功能区，其产业基础和创新氛围是全市最优的；二是产业技术研究院作为新鲜事物，其建设和运营多是探索性的实践，并非成熟做法的直接应用，当时很多新型研发机构采用的是研究院、产业公共技术服务平台、国家级科技企业孵化器共建的模式来牵引新型研发机构的功能板块，逐步探索市场化运行的方式。东部沿海地区的新型研发机构总体上迈入了提速发展的阶段，仅江苏一省，2010 年以来就先后启动了 9 个省级产业技术研究院的建设。浙江省围绕经济发展需求引进、共建了一批创新载体，如清华长三角研究院、浙江加州国际纳米技术研究院、中国纺织科学研究院江南分院等。

武汉、西安、北京等高校院所比较集中的城市也开始布局新型研发机构。武汉在这一时期开始部署建设十大工业技术研究院，主要与本地的武汉大学、华中科技大学、武汉理工大学等知名高校合作。武汉十大工业技术研究院从性质上分为企业和事业单位两大类，其快速建设成为武汉市创新发展的一大亮点，其发展也得益于武汉市财政敢于并舍得在新型研发机构建设和运营上大笔投入。西安依托西安交通大学、西安电子科技大学、西北大学、陕西科技大学、西安建筑科技大学、西北工业大学等高校建立了 6 所工业技术研究院。北京市中关村则在 2010 年《中关村国家自主创新示范区条例》中明确提出"支持战略科学家领衔组建新型科研机构"，这是首次在地方政府发布的官方文件中出现与现实中新型研发机构的探索实践相吻合的表述。

此后，新型研发机构受到了国家重视。在 2012 年两会上，时任科技部部长万钢指出"新型研发机构正在崛起，显示出强劲的创新活力"。全国政

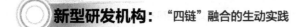

协教科卫体委员会曾多次赴东南沿海地区对这种现象开展专题调研，并做专题报告。委员们认为，新型研发机构已掌握一定的新兴产业和行业发展的话语权，是实施创新驱动发展的生力军。

总体来看，这一阶段新型研发机构的发展仍以区域个性化的探索为主，探索一条适合区域产业创新的发展路径。大部分新型研发机构处于刚起步的阶段，在研发队伍建设、公共技术平台建设、孵化空间运作等一个或者多个板块上逐步摸索。地方层面对新型研发机构大多采取一院一策、一校一策的支持方式，并未建立起政策体系。

3. 蓬勃发展期：2013 年至今

党的十八大后提出创新是第一动力、全面实施创新驱动发展战略、建设世界科技强国，科技创新的战略地位持续提升，党中央、国务院密集出台了一批重大改革政策举措，解决了一大批制约科技创新发展的制度性难题，为新型研发机构的快速发展创造了更加有力的政策制度环境。

2015 年，中共中央办公厅、国务院办公厅发布了《深化科技体制改革实施方案》，首次将新型研发机构写入中央政策文件。当时科研院所改革坚持“两条路”并行，一条路径是坚持对传统科研院所进行“存量优化”，加快科研院所分类改革；另一条路径是加快新型研发机构的“增量突破”，鼓励社会化新型研发机构探索非营利性运行模式，并提出支持国家实验室等探索新型治理结构和运行机制。这一规定进一步明确了支持新型研发机构面向市场。国家也给予了一系列政策支持，推动了新型研发机构的跨越式发展：2020—2021 年在《关于构建更加完善的要素市场化配置体制机制的意见》《国务院关于促进国家高新技术产业开发区高质量发展的若干意见》《中华人民共和国国民经济和社会发展第十四个五年规划和2035年远景目标纲要》以及2020年《政府工作报告》中均提到支持新型研发机构发展，力度前所未有。2021年12月，《求是》杂志发表习近平总书记的文章《深入实施新时代人才强国战略　加快建设世界重要人才中心和创新高地》，文中提到"集中国家优质资源重点支持建设一批国家实验室和新型研发机构……加快形成战略支点和雁阵格局"。

全国各地掀起新型研发机构建设大潮。截至2022年10月，除西藏外，全国30个省（自治区、直辖市，不含港澳台），以及计划单列市、新疆生产建设兵团等，共出台涉及新型研发机构的政策文件107份，初步形成支持新型研发机构发展的制度体系。省级层面形成新型研发机构网络化布局，比如江苏省产业技术研究院采用加盟的方式，对在江苏省各个区域布局的产业技术研究院等进行统筹管理；山东省借鉴江苏省的经验，启动了省级新型研发机构的建设，打造了山东省产业技术研究院总平台，并通过省市联合支持的方式，在省内开展分院布局，围绕各市产业开展研发、孵化等。

全国从南到北、从东到西都开展了新型研发机构建设，截至2021年底，我国新型研发机构达2412家。东部地区在新型研发机构建设中依旧处于领先地位，对新型研发机构支持力度更大、布局范围更广，比如江苏省南京市于2017年启动"两地一融合"工程（科技成果落地、新型研发机构落地、校地融合发展），把新型研发机构建设作为创新发展的关键抓手，截至2019年底已经累计签约新型研发机构251家，备案新型研发机构160家。

西部地区快速跟进，加速开展新型研发机构建设，比如，广西壮族自治区南宁市在 2018 年开始推动新型研发机构建设，出台了相关资助政策，提出到 2025 年争取布局 30 家新型研发机构。

新型研发机构在全国快速发展，在带动区域产业创新发展中起到了重要作用。我国新型研发机构在新材料、先进制造、生物医药、节能环保等新兴领域的布局与服务支撑作用显著，各地区利用新型研发机构抢抓产业发展新机遇，北京、上海等地区布局研发型新型研发机构，强化前沿产业技术研发引领。进入蓬勃发展期，我国新型研发机构发展呈现出几个特点。一是建设依托的主体更加丰富，主要包括高校院所、企业、人才团队等。二是建设的形式多样，除了产业技术研究院之外，涌现出产业创新中心、产教融合基地等提法。三是更多高校院所，包括部分排名非全国前列的院校，也开始建设新型研发机构。一方面，地方政府合作的需求比较旺盛；另一方面，众多科研人员树立了科研要面向经济建设的角色意识、身份意识，新型研发机构由于其灵活的体制机制，将吸引更多科研人员完成身份转变。

第二节　新型研发机构诞生的必然原因

1. 企业创新有需求

当前，中国企业创新已进入规模提升、成效显著、潜力强劲的快速发展期。我国企业研发投入在 2021 年达到 21 504 亿元，比 2012 年增长约 1.7

倍，年均增长 11.9%，占全社会 R&D 经费投入的 76.9%。企业的创新产出成效显著，截至 2020 年底，我国拥有有效发明专利的企业达 24.6 万家。科技企业生力军发展势头强劲，2021 年，我国高新技术企业数量达 33 万家，创新型中小企业发展韧性不断增强，全国科技型中小企业入库数量从 2017 年的不到 3 万家增长到 2021 年的 32.8 万家，我国已培育专精特新企业 4 万多家和"小巨人"企业 4762 家。

虽然我国企业在科技创新方面取得了长足的进步，但中小企业创新仍存在短板，中小企业受制于发展实力、科研人员规模和科研条件等因素，创新活跃度及创新效果均不及大企业。以工业领域为例，基于国家统计局 2015 年统计数据，小企业开展产品或工艺创新的比例仅 29.6%，而大企业高达 75.3%。在制约小企业创新的发展因素中，"人"成为首要的因素。根据调查数据，缺乏人才或人才流失已成为我国企业开展创新活动的第一大阻力，影响了 22.4% 的企业。

1999 年，科研院所改制拉开序幕，之后，1000 多家科研机构进行了改制。改制催生了一批创新能力强、经济效益佳的"明星"企业，也削弱了产业部门系统的院所服务产业的能力。中小企业自身研发能力不足，同时外部又缺少研发供给，这导致中小企业创新的需求旺盛，需要相关的机构或组织面向产业、面向企业特别是中小企业提供研发服务。新型研发机构从服务中小企业和突破产业共性技术问题切入，依托高校优势学科与创新平台、科研院所研发力量以及国内外高层次人才等优质资源，围绕企业的现实创新需求，将研发作为产业，服务中小企业和产业创新发展。在现实发展中，先研院等机构切实服务于企业创新，推动研发人员与企业联合成立实验室等，每

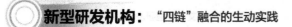

年向企业外流动超过 500 人。

2. 科研积累有基础

从一个基本事实来看，我国在新型研发机构的建设上，多采取“校地共建”和“院地共建”模式，即主要依托已有高校院所进行建设。这个基本事实是，我国的高校院所等经过几十年的学科和研究积累，取得了一定的科技成果，也储备了大量的科技人才，这为其扎根地方布局新型研发机构、为地方产业研发创新赋能提供了基础。

从国内高校成果产出来看，2012—2021 年的 10 年间，全国高校的专利授权量已从 6.9 万项增加到 30.8 万项，增幅约为 346.4%，授权率从 65.1% 提高到 83.9%；专利转让及许可合同数量从 2000 多项增长到15 000 项，专利转化金额从 8.2 亿元增长到 88.9 亿元，增长近 10 倍。科研院所也积累了大量成果，中国科学院在这 10 年间累计向社会转化约 11万项科技成果。

从科研人员的情况来看，根据经合组织主要的科技指标数据，中国全职研究人员规模呈增长态势，截至 2020 年，中国有 200 多万名全职研究人员，同期美国的全职研究人员数量刚超过 150 万名；同时，中国和美国在授予的科学与工程（S&E）博士学位数量上的差距持续缩小，2018 年，美国授予了 41 071 个科学与工程博士学位，中国授予了 39 768 个。

长期的产学研合作也让高校院所对建设新型研发机构有了一定的经验。从 1985 年国家提倡产学研合作开始，许多地区和学校开始创建校办工厂，建立校内生产劳动基地，实行教学、科研、生产三结合，做出了一定的成绩。改革开放为我国产学研合作注入了新的内涵，更加活跃的市场经济催生出大量企业，进而产生了更多的技术需求。科技体制改革的深入推动高校院所面向市场，有偿提供技术转让和技术服务，从而出现了活跃的技术需求和供给市场。随着经济体制和科技体制改革的不断深入，产学研合作形式更加丰富、合作力度不断加大，联合技术攻关、共建工程中心、产学研战略联盟、新型研发机构等产学研合作形式不断丰富。长期的产学研合作探索为新型研发机构在区域的布局提供了组织经验，产学研合作由短期化、松散化、单项化向长期化、系统化、实体化方向转变，整体创新效能和水平得到提升。

除了依托高校院所进行新型研发机构建设，也存在许多完全新建的、以吸纳海归科学家和国际人才为主的新型研发机构。但除了北上广深这样的一线城市，其他城市吸引海归人才的条件不够充分，所以总体来看，主要依托高校院所进行建设是众多非一线城市的主流模式。

3. 科研机构有动力

从我国科研机构发展历程来看，高校院所等传统科研机构在创新体系中占据了较大比例。科研主要面向国家重大战略需求，产业主要面向国民经济主战场，尽管有一些互动交叉，但两个系统仍主要按照各自逻辑演进。我国科研缺少产业需求的牵引，长期遵循跟随式研究的路径，这导致我国科研人员常常跳过对研究内容内在机理的深层次理解，也导致我们在很多领域被"卡脖子"，在战略上处于被动。

新型研发机构独立于传统的科研体系，成为地方、高校院所开展体制机制改革的"试验田"。新型研发机构提升了我国科研机构的自主性和灵活性,根本上是因为新型研发机构是一类新的科研组织,与政府是契约关系而非隶属关系。考虑到新型研发机构多依托传统高校院所创建,与传统科研机构存在组织或个体层面的直接或间接的关联,这种自主性和灵活性是可以间接传递给传统科研机构的,这从根本上调动了传统高校院所建设新型研发机构的积极性。新型研发机构在很大程度上就是某些组织(包括个体)对僵化科研体制的突破和对现代科研院所治理体系的自发探索的载体。在新型研发机构中探索如何解开成果转化束缚、开展科研人员激励、促进科研人员在科研界与产业界之间流动等,成为地方汇聚科创资源、促进科技成果转化、培育科技产业的重要抓手。

4. 科研人才有意愿

国内的科研活动主要集中在高校院所,以及进行了企业化改制的科研机构中,它们大多为事业单位或者国有企业性质,在薪酬、人员编制、资产购置、成果转化等方面缺乏灵活性,受许多制度掣肘。校地、院地等多元主体共建的新型研发机构则提供了一个混合型制度空间,在人才激励、成果转化等方面寻求行政力量和市场逻辑的平衡。新型研发机构在投资主体、管理制度、运行机制、用人机制等方面高度市场化,促使科研人员有意愿和动力在新型研发机构中开展研发、成果转化等相关活动。

在科研项目主导方面,科研人员需要充分的自主权,新型研发机构大多推行理事会领导下的院(所)长负责制。这样就可以让新型研发机构的领导层在选人用人、技术路线等方面拥有全方位的自主权,让科研人员可以在确定的重点方向、重点领域范围内自主确定研究课题，由此形成了科学家有充分自主权的创新机制。科研人员有更大的技术路线决定权和经费使用权，从而从烦琐、不必要的体制机制束缚中解放出来。

在成果转化方面，高校院所成果转化考核体系不完善，新型研发机构构建混合型制度空间，推动科研人员开展成果转化。高校院所对科研人员考核评价管理体系不完善，未将科技成果转化纳入科研人员考核体系，收益分配、权益保障也不完善，很难最大限度地调动科研团队的积极性与主动性。新型研发机构在科技成果从"审批权、处置权、收益权（三权）"下放到"赋权"的过程中起到了重要推动作用，激励科研人员通过新型研发机构开展成果转化。比如，武汉光电工业技术研究院推动"1000万元科技成果挂牌转让"，在全国引起轰动，为推动科技成果"三权"下放和《中华人民共和国促进科技成果转化法》修正提供了重要参考。此外，科技成果转化是一项系统工程，需要体系化、个性化的支持。新型研发机构推动项目"因人而立"、机构"因人而设"，甚至推动风险投资"因人而投"，提升了科研人员开展成果转化的积极性，也提升了科研人员进入新型研发机构的意愿。

在人才评价方面，新型研发机构破除"四唯"评价，为科研人员提供不问出身、不问年龄、同台竞技、激发创新的科研环境，从而吸引科研人员进入。同时，很多新型研发机构坚持"破四唯"和"立新标"并举，加快建立以创新价值、能力、贡献为导向的科技人才评价体系，不以论文为导向，由理事会下设的评估委员会进行评价，围绕科研投入、创新产出质量、成果转化、原创价值、实际贡献、人才集聚和培养等方面，做出符合机构设立目标

和科研规律的国际同行评价。

5. 地方政府有支持

对我国的新型研发机构而言，一个基本事实是新型研发机构主要由地方政府发起和投资。虽然从新型研发机构的建设主体来看，不仅有高校院所、地方政府，也有企业、投资机构乃至中介服务组织，但毫无疑问，这背后直接或间接、或多或少都有地方政府的投入和支持。地方政府是绝大多数新型研发机构事实上的发起者和投资人，这是关于我国新型研发机构的第一大基本事实。新型研发机构主要由地方政府发起和投资的事实，意味着新型研发机构的第一身份是“地方科研机构”。这产生了两方面的重大影响。

第一，从国家层面来看，新型研发机构的发展促进了整个国家创新体系的结构性变化，主要是科技资源空间布局的变化。在新型研发机构出现之前，我国的科技资源较为均匀地分布在省会城市或其他中心城市，而囊括新型研发机构的新的科技资源则向产业发达、财力充沛，但传统高校院所又相对稀缺的地区倾斜。原先的布局被地方需求导向的布局所取代，这种变化自然是由新型研发机构是“地方科研机构”这一身份所决定的。

第二，新型研发机构的大发展和后续发展催生了如何处理“地方科研机构”和“国家科研机构”关系的问题。这一问题虽然现在还未浮上台面，但将来一定会显现。实际上，许多新型研发机构在创建的时候，就面临来自国家科研机构的竞争。总而言之，认识到新型研发机构“地方科研机构”的身份，并在政策设计上充分考虑其与"国家科研机构"的分工和协作关系，是促进绝大多数新型研发机构可持续发展和升级的关键之一。所谓的"地方人做国家事"，或是热门领域的"一拥而上""开放竞争"现象，从长期来看，都是难以持续的。

第三章

铢分毫析：

新型研发机构界定

全国各地都在搞新型研发机构建设，那么就有必要思考究竟什么是新型研发机构。新型研发机构绝不是"新瓶装旧酒"。通过对国内新型研发机构实践的跟踪调查，发现其已在发展模式、管理体制、运行机制、协同创新等方面做出了全新探索，是一种在属性、机制和功能上均不同于传统科研机构的创新平台组织。本章主要从新型研发机构的概念、内涵、外延、定位、功能等方面为新型研发机构画像，揭示新型研发机构究竟"新"在哪里，并依据新型研发机构的发展实践，从不同维度对新型研发机构进行类型划分，以实现从各方面理解"新型研发机构"这一特定术语。

第一节　新型研发机构的概念、内涵与外延

1. 新型研发机构的概念

近年来，新型研发机构在国内的发展大有星火燎原、遍地开花之势，那么厘清新型研发机构的概念就很有必要。通过梳理新型研发机构这一概念演进的历程发现，学术界、政府等对新型研发机构的界定与理解达成了普遍共识。科技创新按照技术成熟度分为 $1\sim9$ 级[①]，其中，$1\sim3$ 级偏科学研究，主要解决面向基础的科学研究的问题，包括提出新问题、设计新实验、探

[①]　$1\sim9$ 级：1995 年，美国国家航空航天局起草并发布了《TRL 白皮书》，将技术成熟度分为 9 个等级，分别是：基本原理被发现和阐述；形成技术概念或应用方案；应用分析与实验室研究，关键功能实验室验证；实验室原理样机、组件或实验板在实验环境中验证；完整的实验室样机、组件或实验板在相关环境中验证；模拟环境下的系统演示；真实环境下的系统演示；定型试验；运行与评估。

索新现象、发现新规律、揭示新原理、建立新方法、提出新理论。4～6级为科技成果转化环节，主要解决的是科学原理向关键核心技术转化的问题。7～9级为产业化阶段，主要解决的是关键核心技术向产品或商品转化的问题。学者们普遍认为新型研发机构是适应社会经济和科技发展的需要而诞生的一种定位于科技创新4～6级的新的创新平台。

2019年9月科技部出台的《关于促进新型研发机构发展的指导意见》给出了新型研发机构的定义：新型研发机构是聚焦科技创新需求，主要从事科学研究、技术创新和研发服务，投资主体多元化、管理制度现代化、运行机制市场化、用人机制灵活的独立法人机构，可依法注册为科技类民办非企业单位（社会服务机构）、事业单位和企业。本书沿用科技部的定义。

"新型研发机构"这一特定术语由"新型""研发""机构"3个词组成。结合这3个词对新型研发机构做如下"语义"解析。

关于"新型"。"新型"有时间划分的意义。我国新型研发机构特指2000年后出现的科研组织。"新型"还表现为在形态内涵上有别于传统科研组织，新型研发机构是面向市场和按市场机制运行的。如果完全承袭传统的科研组织（研究所或研究院等），即使机构刚刚成立，也不能被纳入新型研发机构范畴。新型研发机构的市场属性在《国家创新驱动发展战略纲要》中有明确说明，是"围绕区域性、行业性重大技术需求，实行多元化投资、多样化模式、市场化运行，发展多种形式的先进技术研发、成果转化和产业孵化机构"。

关于"研发"。"研发"是指"研究＋开发"，因此"研发"有"科学研究"与"技术开发"双重语义。"研究"本身强调"求知"目的，而"开发"

则强调"求用"目的。2019 年 9 月科技部出台的《关于促进新型研发机构发展的指导意见》提出，新型研发机构"聚焦科技创新需求，主要从事科学研究、技术创新和研发服务"，说明"研发"一词主要强调"求用"或创新目的。新型研发机构不仅仅是以"求知"为目的的"科学研究"机构，更是以"求用"或创新为目的的"科学研究 + 技术开发"机构。

关于"机构"。就语义而言，"机构"是一种组织存在，但不是任何组织都可以称为"机构"。一般而言，"机构"指的是由政府赋权或有公共性、社会公益属性的组织。因此，被称为"机构"的组织一般需要有政府或官方的授权、认可或认定。2019 年，科技部下发了《关于促进新型研发机构发展的指导意见》，各地方政府也开始出台有关支持新型研发机构的政策，但各地上报的新型研发机构之间仍存在很大差异，这有待进一步规范。

结合上述语义解析，对"新型研发机构"大致做如下描绘。

新出现的。特指 2000 年后成立的，面向市场、按市场机制组建和运行的科研组织。

具有"研发活动"的基本特征。我国各地建设的新型研发机构通常兼具"研发、转化、孵化、服务"等多种功能，但"研发活动"是机构的基本活动形式，并且必须是围绕科技创新需求的研究和开发。没有"研发活动"的科研组织，如单纯的转化、孵化或服务组织，不能称为新型研发机构；而单纯的科研组织，即便是新出现的，也不属于新型研发机构范畴。

需要有政府的认定或纳入政府监管范畴。随着时代发展，科技创新组织会不断大量涌现，但"机构"一定要有政府的认可，不是任何新出现的科技创新组织都可以被冠以"机构"之名。

2. 新型研发机构的内涵

新型研发机构是顺应科技创新和时代发展需要的产物，作为科技和产业的"连接器"和"接力棒"，在新时代我国科技创新发展过程中承担着共性技术研发、科技成果转化、高水平人才培养等诸多任务，是解决我国科技与经济"两张皮"问题、打通"转化链"各环节的重要手段，起着整合政产学研金服用各要素协同攻关以及推动重大原始创新、带动生产力提高、加快经济发展的重要作用。新型研发机构始终与我国创新驱动发展战略同频共振，具有与传统科研机构不同的特点，其内涵可以用几个"新"来概括。

（1）定位新

传统科研机构主要瞄准基础研究，解决原始创新的问题，这就导致其研发出来的科研成果难以直接应用于产业。从实际出发，让科研院所完全以市场需求为导向并不现实，也非其本业。而企业要追求经济效益最大化，也难以聚焦共性技术研发环节。新型研发机构应时而生，定位于搭建从基础研究到产业实际应用的桥梁，瞄准科技创新的 4 ～ 6 级，促进成果转化。不同于高校院所重点着眼于开展基础研究的定位，也不同于企业生产产品、提供服务的定位，新型研发机构是面向产业，促进基础研究成果走向产业、走向应用的桥梁。

我国科研机构、国家实验室、高水平大学等科技创新主体主要由科研人员组成，主要锚定科技创新的 1 ～ 3 级，是科技创新的"前端"，其对科技进步的贡献较大，但整体研发活动与市场融合度不高。企业的研发主要由企业研发机构、工业技术研究中心、企业实验室等机构完成，聚焦科技创新的 7～9 级，主要通过应用研究、技术创新等多种手段不断使自身产品迭代升级并保持市场领先地位，是科技创新的“后端”。新型研发机构则定位于科技创新的“中端”，并向“前端”和“后端”延伸，处理好交叉科研、成果转化、小试中试、产业化应用之间的关系，成为科技创新和产业发展的纽带，实现从技术创新到产业发展的前端、中端、后端的贯通。

（2）功能新

新型研发机构以科学研究与技术研发为核心功能，同时兼具科技成果转化、科技企业孵化培育、高端人才集聚和培养等功能，可以更有效地整合创新链、产业链、资本链。区别于传统科研机构功能单一、以研发为主，新型研发机构具有复合功能，这使得其能够集成技术研发源头，充分撬动资本杠杆，推动各类科技服务集聚并对自身的创新项目深度赋能，形成科技成果转化的“组合拳”。在复合功能的耦合下，新型研发机构的科技创新既能满足科技创新需求，也能满足市场需求。

新型研发机构定位于科技创新“中端”，因此更关注“科学—技术”“技术—产业”的过程。新型研发机构结合市场趋势，在研发功能上，主要开展实用技术开发和前瞻技术突破工作，将研发成果转化为应用技术，推动科学技术化。同时，在“技术—产业”的过程中，新型研发机构侧重于开展科技孵化、科技咨询、科技金融等服务，促进技术的中试熟化，通过创办企业实现技术成果转化，或是结合产业实际需求，推动成熟技术成果通过技术转移进入产业界。

（3）模式新

模式新主要是指新型研发机构的建设模式新。传统由政府主导的高校院所往往由国家或者地方主导建设，给予人员固定编制，采用自上而下的科技管理模式，更强调计划制与行政命令式，科研项目运行主要集中于自身的体系之内。新型研发机构是基础研究到产业实际应用的桥梁，一般由高校院所、企业及政府等多方主体投资建设，既能有效整合各类资源，又能规避单一主体的制度障碍，可根据产业发展趋势和市场需求，灵活组建不同的创新平台，有效调动各类人才开展研发活动。

新型研发机构由多元组织共建，可以有效避免单一组织模式的弊端，呈现出"不完全像大学、不完全像科研院所、不完全像企业、不完全像事业单位"的特点。新型研发机构一般无级别、无固定事业费和人员编制，可避免机构陷入僵化、低效窘境。同时，新型研发机构不会一味地追求自身利益最大化。因此，新型研发机构可以瞄准行业共性技术需求而非具体企业的技术需求来进行研发。

（4）体制新

传统科研机构往往具有事业单位属性和垂直隶属关系，按事业单位模式运作，其治理结构不完全适应市场经济体制，运营经费主要来自国家财政定时拨款，机构缺乏自主权。相较于传统科研机构，新型研发机构打破原有科技体制壁垒、消除管理体制弊端，形成了贯穿政府、企业、高校院所的制度通道，进一步将优质科创资源汇聚到平台。

新型研发机构在治理结构上一般采取理事会领导下的院（所）长负责制，实现"投管分离"，限制相对少。这种去行政化的管理体制比较灵活，使新型研发机构在制定研发相关的决策上更加自主，让科研人员有更多的发挥空间。在运营上，均衡市场化运作、事业化运作的关系，体现了"半公益

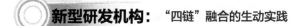

半市场"的属性，在聚焦产业共性需求的准公共产品研发方面实现了局部事业化运作，而对于能够推向市场的成熟技术，一般通过创业孵化推动成果直接转化，或者通过技术市场实现成果转移，坚持企业化运作、市场化运作。

（5）机制新

不断进行机制创新是新型研发机构解决自身"怎么干"问题的不二法门。优化了机构各组成部分之间、各创新要素之间的协同配合机制，提高了机构运行的整体效率，这也是新型研发机构与传统科研机构最大的区别。传统科研机构资金来源相对单一，往往是以财政收支两条线的方式运作；在人才招引留用方面，受到固定编制、绩效约束等限制，人才的流动、成长路线相对固定。

新型研发机构通过灵活的机制，进一步释放科技创新效能。在资金支持上，新型研发机构通过政府支持资金、科研成果转化投资收益、科技服务收入等措施（手段）推动短期收入和长期收益相结合，进一步平衡了科研与资本的关系，实现了从"政府输血"到"自我造血"的转变。在人才机制上，实行企业化的用人机制，打破编制身份束缚，人员待遇水平普遍高于传统科研机构的科研人员，采用聘用制、绩效考核、末位淘汰、股权激励等方式，不以年龄、学位、学历论资排辈，打破"铁饭碗"薪酬制度，充分激发科研人员的创新意识和进取精神。

3. 新型研发机构的外延

经过 20 多年的发展，在国家的大力支持下，各地新型研发机构犹如雨后春笋，随着发展环境日臻完善，新型研发机构不断迭代升级，在此基础上，也有了新的外延。

首先，新型研发机构在资源组织上呈现多方投入和协同的态势，为不同的科研阶段提供不同的资源配置与服务供给。在科技成果转化的过程中，早期的技术研发以政府引导和早期基金为主，中期的成果转化阶段引入以产业基金为代表的社会资本，后期的规模化、市场化阶段以孵化企业和市场为主。在整个转移转化的过程中，不同阶段的方法各不相同，这与传统科研机构的资源配置截然不同。

其次，新型研发机构应具有"产业"的天然属性，源头上与产业契合，根植产业并引领产业发展。一方面，立足所在地产业基础，强化科技创新引领，推动产业发展集群，促进形成符合科技创新和产业发展规律的创新生态，才能够让平台载体扎根本地并发展壮大。另一方面，新型研发机构不仅应支撑产业发展，还应该瞄准产业技术发展前沿，进一步提高自主创新能力水平，加快推进产业链协同创新，发挥自身优势，引领产业高质量发展。

再次，新型研发机构的牵头人应有硬科技企业家的精神和战略科学家的眼光，能够站在产业发展高度，准确把握产业发展方向及趋势，充分调动、配置各方面的政策资源、创新资源、产业资源、服务资源，用做产业的方式做事业，用做事业的方式做产业的行业领袖。

最后，人的发展归根到底就是人的价值创造与价值实现，一个机构的发展和壮大与人的发展息息相关。新型研发机构在制度上实现了对人的价值驱动，以更加开放和包容的心态在人才评价、奖补、扶持等多方面实现制度突破，持续加大对高层次人才的引进和培育力度，探索出了一套以创新能力、质量共性为导向的人才评价体系，对在科技成果转化领域做出重大贡献的各类人才给予奖励，提升科技成果转化人才的社会荣誉度和社会认可度，最大限度地激发和释放了人才原动力。

第二节　新型研发机构的主要定位与基本功能

新型研发机构作为时代发展、国家发展，特别是科技创新内在规律需求驱动的产物，在国家创新体系中有着独特的定位和功能，在科技创新全生命周期和创新链条中不可或缺。

1. 主要定位

目前，我国关于促进新型研发机构发展的政府文件和法律法规都旨在强调新型研发机构的创新作用和服务于创新的目的。《国家创新驱动发展战略纲要》提出“发展面向市场的新型研发机构”，是为了完成“壮大创新主体，引领创新发展”这一战略任务；《“十三五”国家科技创新规划》提出“培育面向市场的新型研发机构”，是为了“围绕破除束缚创新和成果转化的制度障碍，全面深化科技体制改革”；科技部制定《关于促进新型研发机构发展的指导意见》是为了“深入实施创新驱动发展战略，推动新型研发机构健康有序发展，提升国家创新体系整体效能”。2021 年 12 月，第十三届全国人民代表大会常务委员会第三十二次会议修订的《中华人民共和国科学技术进步法》中提出"国家支持发展新型研究开发机构等新型创新主体""引导新型创新主体聚焦科学研究、技术创新和研发服务"。这些说明新型研发机构是定位于"创新"的组织。定位于"创新"，新型研发机构就不是一个单纯的科研组织，而是要致力于创新、服务于创新。因此，对新型研发机构更恰当的表述是"科技 + 创新"的组织。

　　科技创新是一项系统工程（如图 3-1 所示），涵盖创新链（科学研究，1～3 级）、转化链（科技成果转化,4～6 级）和产业链（产业化,7～9 级）三大环节，每一环节都需要相应的机构支撑。

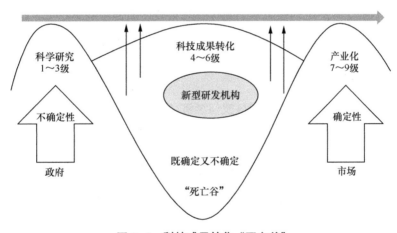

图 3-1　科技成果转化"死亡谷"

　　新型研发机构在国家创新体系和科技创新链中的总定位就是面向转化链，以推动科研生产向现实生产力转化为核心方向，以产业需求为攻关方向，以突破重大关键核心技术为着力点，是缝合科技与经济"两张皮"、推动创新链与产业链融合发展的黏合剂与桥梁（如图 3-2 所示）。

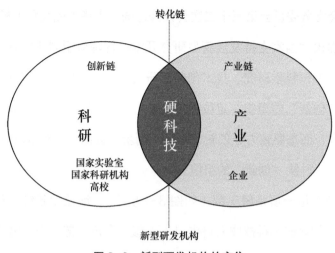

图 3-2　新型研发机构的定位

　　基于新型研发机构在国家创新体系和科技创新链中的总定位，新型研发机构主要肩负破解科技与经济“两张皮”问题、释放科研人员创新活力以及筑造创新生态三重使命。

　　首先，新型研发机构破解科技与经济“两张皮”问题，是科研和产业化之间的桥梁。新型研发机构作为国家实验室、国家科研机构、高校和企业之间的连接器，以满足市场需求和产业需求为目标，是技术创新和产业创新的源头。一方面，通过促进基础科研成果的工程化转化和开发，推动科研生产向现实生产力转化；另一方面，以产业需求为导向，整合顶尖科研人员联合攻关。新型研发机构发挥纽带作用，持续地对科研成果进行利用、转化，源源不断地为产业界提供可应用的关键核心技术，推动创新链和产业链深度融合，破解科技与经济“两张皮”问题。

　　然后，新型研发机构解放科研人员，是科研界、产业界、政府的连接器。新型研发机构凭借顶层设计上的优势，能够有效协同政府、高校院所、企业、科技中介服务组织等各类主体，跨越从基础研究到应用研究、成果转化，再到产业化的创新鸿沟，切实消除创新中的"孤岛现象"，打通政产学研用之间的堵点。特别地，基于体制机制上的优势，新型研发机构不仅赋予科研人员面向世界科技前沿开展颠覆性、前沿性技术攻关的职责，更赋予其面向经济主战场推动科研成果转化的职责，从根源上打破束缚科研人员的条条框框，激发其参与科技创新和产业培育的潜力与积极性。

最后，新型研发机构实现对科技创新的最大赋能，形成局部的创新生态。新型研发机构是产业助推器，面向传统产业转型升级和新兴产业培育需求进行科学研究和技术开发，推动大量科技成果转化和科技企业爆发式成长，真正将科技创新转化为现实生产力。同时，新型研发机构打破传统科技体制的局限，推动科学家和企业家紧密合作，在资本的持续支持下，快速集聚成果产业化所需要的关键要素，推动科研和商业化同时进行，提高科研创新效率。以新型研发机构为核心和平台，通过科学统筹、集中力量、优化机制、协同攻关，集聚国内外高端创新资源服务于区域经济发展，吸引集聚一批科技创新领军人才及其高水平创新团队，建立财政资金、社会资本、产业基金等多元化投入机制，加快技术成果转移转化，推动产业创新，形成一个局部的创新生态。

2. 基本功能

综合国内外新型研发机构的共性可以发现，新型研发机构基本功能包括科技研发、成果转化、创业孵化、科技金融、人才培育等。这些功能协同促进单个新型研发机构搭建起创新生态，促进科技创新系统效能提升。

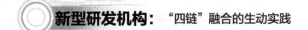

（1）科技研发功能

与高校院所面向纯基础科研不同，新型研发机构的科技研发功能侧重应用研究，有两个突出特点，一是面向产业需求，二是面向共性技术。新型研发机构科技研发的出发点和立足点是产业界的需求，所产出的成果也能够满足企业最直接的现实需求，且一般能够覆盖整个行业或产业发展的共性需求，即整个行业的底层技术需求。可以说，新型研发机构的科技研发功能重点解决的就是产业发展中的"卡脖子"问题。德国弗劳恩霍夫协会作为欧洲最大的应用科研机构，定位于应用研究，深度聚焦与未来相关的关键核心技术以及对商业成果的开发，在学术研究和工业生产之间架起了一座桥梁。

德国弗劳恩霍夫协会是二战后建立的公共研究机构，致力于面向工业应用技术研究：一方面，面向产业界现实需求，解决产业技术难题，提供技术和产品研发服务；另一方面，面向未来产业开展导向性研究。协会下设76家研究所和研究机构，围绕健康／营养／环境、国防／安全、信息／通信、交通／移动、能源／生活、制造、环境和前沿主题开展研发。截至2020年4月，德国弗劳恩霍夫协会共拥有专利13 942项。

（2）成果转化功能

新型研发机构基于科技成果，通过技术转移或专利授权的方式，推动技术扩散应用。大多数新型研发机构与企业界建立了深入的研发合作机制，通过联合研发或者"科研订单"的方式，为企业技术突破和转型升级提供技术支撑。

（3）创业孵化功能

新型研发机构一般会为孵化企业提供创业培训、企业战略规划、市场对接、品牌宣传、财会管理以及投融资对接等一站式、全方位孵化服务，以满足企业资本、研发、技术、市场、渠道等全链条创业需要。同时，多数新型研发机构配备了一定的孵化空间，为各个阶段的企业发展提供专业化的创业载体。特别值得强调的是，与传统创业孵化机构不同，一般新型研发机构皆会配备关键共性技术平台，为企业提供重大设备和工艺平台支撑，为解决企业研发、小试、中试、产业化、工艺及测试问题提供全方位专业服务。

陕西光电子先导院是国内首家以光电子集成为发展方向，集该领域国家战略智库规划、国际前沿技术研究、高端创新创业人才引进、创业投资与孵化于一体的新型研发机构。创业孵化是陕西光电子先导院创新生态中必要的一环，初创企业多为科研人员创办，科研人员擅长技术研究开发，但办公司、当总裁、做运营往往是其需要补齐的短板。为了帮助企业提升管理水平，最大化降低企业的创业初期成本，陕西光电子先导院打造了完善的孵化体系。针对科研人员不善于创业的问题，陕西光电子先导院为企业提供创业培训服务，帮助科研人员少走弯路、转变角色。此外，陕西光电子先导院还为企业配备了2800多台（套）先进设备仪器，以及上万平方米的洁净空间，为企业提供"硬"孵化支撑。通过构建全要素的孵化体系，陕西光电子先导院解决了科研人员创业中可能存在的"后顾之忧"，使其可以心无旁骛地专注于技术和产品的研发。

（4）科技金融功能

科研成果从实验室走出来，首先面临的是资金问题，没有"第一笔投资"的催化，很难将科研成果打磨成可以被企业应用的技术或者面向市场需求的产品。特别是新型研发机构培育的硬科技企业，其投入大、周期长、回报慢，很少有社会力量愿意投资。科技成果转化"第一笔投资"缺失，将导致科研成果很难进行产品研发试错。因此，大多数新型研发机构在成立时，都会设立一只基金，甚至有的新型研发机构还会设立涵盖母基金、各领域子基金以及知识产权基金的基金群。

陕西光电子先导院成立时发起了国内第一只专注于光电子产业的先导基金，基金规模达 10 亿元，基金投资孵化了 90 余家光电子企业。北京协同创新研究院设立了创新母基金，总规模达 12 亿元，其中包括知识产权基金 6 亿元、产业发展引导基金 6 亿元。该研究院还通过产业与大基金联合协同创新中心企业设立了 6 只协同创新子基金，总规模超过 40 亿元。基金的设立有效解决了实验室技术向企业转化，再到企业发展壮大过程中的资金需求问题。除了设立基金，新型研发机构还会与银行机构等开展创新合作，帮助孵化企业获得多元化的贷款资金，从而有效满足企业发展过程中的资金需求。

（5）人才培育功能

与传统高校的人才培育方式不同，新型研发机构的人才都是在项目实操中锻炼出来的。新型研发机构能够为行业培育输出多元化的人才，新型研发机构科研人员在长期面向产业需求研发的过程中，或成长为企业需要的高端技术类人才，或通过创办企业的方式成为硬科技企业领军人才，大部分成长为行业发展的中坚力量。此外，基于科技成果转化、关键共性技术平台等业务体系，新型研发机构成为技术经理人、高级工程师以及工艺人才的"摇篮"。

北京协同创新研究院将人才培育作为其核心职能之一，发起创新菁英计划，通过"双课堂、双导师、双身份、双考核"的"四双"模式培养创新创业领军人才。在北京协同创新研究院，学生被当作准科研人员对待，学生可以作为项目负责人申请课题，如果课题通过，他们可以自己组建团队；如果项目日后有收益，团队将会获得相应收益奖励。同时，学生毕业后也可以拿着自己的课题出去创业。在人才培育方面，比利时微电子研究中心堪称新型研发机构中的典范。比利时微电子研究中心高度重视人才培育，鼓励研究人员发表高水平论文、参加国际学术组织。同时，比利时微电子研究中心还专门成立了IMEC 学院，其为产业界和学术界人员提供先进技术培训，每年培训时间超过10 万小时。IMEC 学院成立以来，比利时微电子研究中心为全球培育了大量半导体顶尖人才，Intel、台积电、ASML、高通、ADM、德州仪器、三星等半导体产业龙头企业的很多高端人才出自比利时微电子研究中心，比利时微电子研究中心也因此被世界誉为"国际半导体人才库"。

新型研发机构在发展完善过程中，基本形成了一个涵盖人机料法环各类创新要素，政产学研金服用各类创新主体参与，创新链与产业链紧密协同的创新生态系统，成为产业关键共性技术孕育的摇篮。

第三节 新型研发机构的分类

1. 按照法人类型分类

新型研发机构按照法人类型的不同可分为事业单位型、企业型、科技类民办非企业单位（社会服务机构）型 3 种。

事业单位型新型研发机构是由政府联合高校院所利用国有资产设立，按照非营利性规则运营的创新组织。这类机构虽然是事业单位属性，但是不同于传统意义上的事业单位，其无级别、无编制、无人员经费。机构前期的建设经费包括科研支持经费，主要来自政府拨款，因此这类机构对政府的依赖程度很高，往往是政府为结合地方某一产业领域，重点支持产业共性技术发展，也为新兴技术的发展和产业转型升级提供支撑而设立的。事业单位型新型研发机构在一定意义上体现的是政府对区域产业发展的部署，主要为提升区域创新水平服务，也有部分新型研发机构会承担国家重大专项、重点实验室等的建设工作。事业单位型新型研发机构拥有稳定的政府资金来源，但是这也造成了这类机构与企业型新型研发机构相比，研发活动的市场导向性不强，可持续发展能力较弱。典型代表为深圳清华大学研究院，其由地方政府和大学共建，属于在深圳市民政部门注册的、无固定政府预算投入、无固定人员编制的事业单位。深圳市政府并不对深圳清华大学研究院实施直接垂直管理，只作为合作建设的一方，通过理事会行使参与决策的权力，在性质上与我国传统意义上的科研机构有所不同。

企业型新型研发机构是由单个企业成立或者企业联合其他单位围绕企业自身技术需求而注册成立的新型研发机构。这类机构注册相对简便、管理运营灵活、市场导向性较强，可以充分发挥新型研发机构的市场化属性，拥有企业稳定的经费支持以及高端的技术和设备，资源整合能力较强。企业型新型研发机构一般是企业为了突破某一项技术而成立的，因此研发目的比较明确，成果转化渠道畅通，研发成果可以直接被机构自身消化利用。但是这类机构一般以服务企业自身为主，对整个产业发展、转型升级的带动作用较弱，发展具有一定的局限性，也较难获得政府的大额资金支持。典型代表为武汉光电工业技术研究院、宁波工业互联网研究院等。

科技类民办非企业单位型新型研发机构是由企事业单位、高校、个人、社会团体等社会力量利用民间资本设立的新型研发机构，比如德国的弗劳恩霍夫协会、日本的工业技术研究院等。这类机构可以说是市场化的事业单位，保留了事业单位的非营利属性，体现了国家科研机构的公益属性，还采取了企业市场化的体制机制运作。这类机构注册较为简单，运作相比事业单位型更加灵活，可以说是结合了事业单位型和企业型新型研发机构的优点。这类机构与只服务于自身需求的新型研发机构不同，反映的是某一行业共同的创新需求，更多是为行业前沿技术及关键共性技术的突破而成立的。这也是目前我国比较鼓励设立的新型研发机构的类型。如科技部印发的《关于促进新型研发机构发展的指导意见》中专门提出要"鼓励设立科技类民办非企业单位（社会服务机构）性质的新型研发机构"。然而，这类机构由于前期投入巨大且回报周期较长，又缺乏持续稳定的政府资金支持，在产业化后期，资金链断裂的风险较大，因此其对科技成果转化"死亡谷"的弥合作用有限。典型代表为上海产业技术研究院、北京协同创新研究院等。

2. 按照功能使命分类

根据新型研发机构所承载的核心功能不同，可将其分为前沿研发型、产业技术研发型、科研组织型3种。

前沿研发型新型研发机构的核心功能在于开展基础研究、应用基础研究、关键核心技术攻关，聚焦于科技创新前端、中前端研究，与传统的高校院所的创新阶段有所交集，但不同的是，其“新型”体现在与传统高校院所不同的管理体制、组织架构、运作模式上。前沿研发型新型研发机构主要有两种建设模式，一种是全新组建的，另一种是由体制内的科研机构转型升级形成的。北生所是典型的全新组建的前沿研发型新型研发机构，其在2003年开始探索组建，以“出成果、出人才、出体制”为目标，把社会主义制度集中力量办大事的显著优势与全球最有效的科研组织方式结合起来，探索适合基础研究的全新体制和运营机制。北生所的案例证明这类探索是非常有效的，因此，北京又陆续部署了一批世界一流的新型研发机构，包括北京量子信息科学研究院、北京脑科学与类脑研究所、北京智源人工智能研究院等，主要聚焦量子、脑科学、人工智能等前沿科学研究领域。此外，合肥等地也开始依托名校名院名所，通过政府引导支持，建设聚焦能源、物质、健康等领域的前沿研发型新型研发机构。转型升级中形成的前沿研发型新型研发机构，匹配了新型管理和运行体制，激发了科研活力，提升了面向需求、面向产业创新的能力。转型升级形成的前沿研发型新型研发机构的典型代表是先研院，其实行理事会管理，探索体制机制创新，走出了一条从聚焦工程化到技术创新，再到科学研究的“E—T—S”的发展道路，实现从聚焦成果转化到开展前沿研发的功能拓展。

产业技术研发型新型研发机构与前沿研发型新型研发机构相比，更加专注于科技创新的中端，主要从事面向企业需求的合同研发和国际先进产业技术引进，致力于有效弥合科技成果转化的“死亡谷”，推进创新链与产业链的紧密融合。这类机构依托其创新的体制机制，集聚各方资源，吸引相关专业机构进入平台，通过构建关键核心技术的概念验证、中试熟化、技术服务等专业化的成果转化和产业创新体系，实现"创新理念—产品—市场"的快速、顺畅转化，加快推动关键原创技术在产业中的应用。这类机构虽然也具有一定的研发功能，但研发活动并不以基础研究和应用基础研究为主要目的，其研发具备很强的市场需求驱动属性，从业人员也以面向市场和产业的研发人员为主。这类机构能在科技研发、成果转化、市场导入和产业化等创新链中发挥桥梁纽带作用，促进高校院所的技术研发成果高效转化。如广东华中科技大学工业技术研究院、南京先进激光技术研究院等都是产业技术研发型新型研发机构的典型代表。

科研组织型新型研发机构主要发挥新型研发机构统筹组织的优势和灵活的机制，协同地方政府、产业界、创新资源等多方，围绕产业链，组建成建制的研发成果转化和孵化的大平台，发挥总统筹、总牵引作用，通过与高校院所、人才团队、企业主体等一起组建不同类型、不同侧重的创新单元，形成面向区域、面向产业的科技创新矩阵体系，实现对区域产业研发创新的体系化赋能。典型的科研组织型新型研发机构是江苏省产业技术研究院，其形成了院本部统筹基础层级创新单元的组织架构，成为江苏省产业技术创新发展的总统领、大平台。江苏省产业技术研究院本部不承担具体的研究任务，主要负责科技资源引进、专业研究所建设、重大研发项目组织等；基础层级创新单元包含专业研究所和企业联合创新中心，主要承担技术研发和产业关键技术开发任务。2021 年起，上海、武汉等地也重视部署科研组织型新型研发机构，通过新型研发机构"一盘棋"的部署，打通创新链和产业链，促进更有效的科技创新资源统筹配置和重大科研创新协同攻关，使新型研发机构成为产业高质量发展的助推器。

3. 按照组建方式分类

根据组建方式不同，新型研发机构大致可以分为两种：一种是全新组建的新型研发机构，新设成立法人主体；另一种是原有体制内科研机构通过转轨新的管理体制、运行机制而形成的新型研发机构。

新设的新型研发机构，一般由国内的高校院所与地方政府合作建设，虽然有传统高校院所力量的参与，但实际上采用“另起炉灶”的方式，注册新的法人主体，采用与母体高校院所相独立的组织架构，设置独立完善的运行规则和机制，运营管理自主，人才招引留用自主。在院地、校地合作新设的新型研发机构中，母体高校院所会抽调相关的科研人员承担新型研发机构的管理运营等事务，这部分人员大部分是高校院所中更具有成果转化或产学研合作经验的人员。与在高校院所中单纯开展科研工作不同，新型研发机构的管理运营更加需要具备资源统筹能力、产业和市场思维甚至创业能力的人员。目前，国内存在大量的院地、校地合作共建的新设新型研发机构，这对国内的科研体制来说是一次“增量改革”，推动了现代科研院所治理体系在国内的构建和完善。

转制形成的新型研发机构，是所属的地方政府为支持科研院所自发改革，与新型的院所机制接轨而形成的科研机构，比如陕西省的西北有色金属研究院、浙江省的特种设备科学研究院等都是既有院所改革形成的新型研发机构。在改革中，突出以人为本，打破传统科研院所体制，将处于事业单位“赛道”的科研机构转向市场，将科研人员从报课题、做实验、发论文的科研日常转向解决现实的产业痛点和满足市场需求，通过向市场要效益，实现科研人员创新、创业、创富，将老牌事业单位机构成功转型升级为高公益性、高成长性的新型研发机构，实现公立科研机构国家利益、机构利益、科研人员个人利益的统一。重庆市也在积极推动传统科研院所向新型研发机构转型，2022年3月，《重庆市科技创新促进条例》中明确提出，利用财政性资金设立科学技术研究开发机构，符合条件的，可以向新型研发机构转型。

第四章

他山之石：
国外创新型研发组织
发展的启示

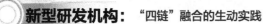

世界科技强国的竞争，归根到底是国家战略科技力量的比拼，更加强调整体式研发能力，体现为国家科技创新体系的布局，即能够实现科技创新能力从科研机构到企业的贯穿。在过去的一个世纪里，美、英、德、日等国家均致力于适应科技革命和产业变革需求，努力加快基础研究、应用研究到商业化的进程，催生了科技创新体系的重要组成部分——创新型研发组织。本章通过深度分析国外创新型研发组织的发展历程和典型案例，进一步剖析其特点与内涵，为我国新型研发机构的健康发展提供经验借鉴和政策建议。

第一节　国外创新型研发组织萌芽与发展

1. 组织萌芽

科技创新是一个复杂的生态系统，各要素之间相互联系、相互影响，建立与科研范式相适应的组织形态能够促进科技创新，反之会阻碍科技创新。从科技发展史来看，科研组织和科研范式各有轨迹，但又联系密切。如果将科技创新当作一个链条式的合作分工，那么从原始创新到产业化就是科技创新"$0 \rightarrow 1 \rightarrow 10 \rightarrow \infty$"的体系化探索和应用。从创新主体分工来说，创新链起源于从事原始创新的科研机构及大学等（$0 \rightarrow 1$），"$1 \rightarrow 10$"的分工主要由孵化器、新型研发机构、共性技术平台等完成。后端产业化即"$10 \rightarrow \infty$"，主要依赖创新型企业、科技产业园区等创新主体。链条式解析模式能够清晰地看到各板块之间的分工，但是有可能忽略各板块之间的连接。例如，高校院所擅长基础科学和理论研究创新，长期以来积累了大量的科研成果。孵化器等创新创业载体为企业孵化提供了环境。从实验室技术开始转化到科技企业成功孵化，从孵化的中小企业到大企业，创新会两次经过"死亡谷"。"死亡谷"的存在实际源于创新链上各主体之间的衔接和专业化机构的缺失，有缺失就会有新型创新主体的萌芽与补位。在国内，这一类连接产业化与原始创新的创新型研发组织被称为新型研发机构。而在国外，这一类具有新型研发机构内涵的研发组织和机构被称为创新型研发组织。

创新型研发组织最早可追溯至 1948 年成立的日本工业技术厅（日本产业技术综合研究所的前身）。1949 年，德国成立弗劳恩霍夫协会——欧洲最大的应用科研机构。创新型研发组织的萌芽象征着"基础研究—应用研发—技术转移—创业孵化—产业化"这一创新链的强化，与以往的创新主体不同的是，创新型研发组织不局限于服务科技创新活动的某个环节，而是将研究开发、科技成果转移转化与产业资本化等融为一体，成为技术和经济的黏合剂以及连接上游原始创新与下游产业化的重要桥梁。

2. 发展历程

在国外创新型研发组织的发展历程中，政府所起的作用在不断强化。从不同时期主要发达国家的创新型研发组织的发展轨迹来看，其整体历程可归为 3 个阶段：萌芽期，20 世纪 40 年代—20 世纪 60 年代；加快探索期，20 世纪 60 年代—20 世纪末；广泛发展期，21 世纪以来。

在萌芽期，非营利性学术团体逐渐兴起，主要发达国家以产学研用相结合等方式对科技发展进行新的探索，萌发了一批具有代表性的创新型研发组织。比如德国弗劳恩霍夫协会，其是"民办公助"的非营利性科研机构，主要面向产业界提供技术和产品开发服务，目前仍然是世界范围内典型的非营利性科研机构，其组织模式和运营机制依然能够为我国新型研发机构提供借鉴。

在加快探索期，由政府指导的综合性研究开始占据主导地位，创新型研发组织在推动区域科技成果转移转化与经济发展方面发挥的作用初步显现。政府持续稳定投入资金，支持组织发展，提高组织造血能力。如 20 世纪 60—70 年代，日本成立若干"工矿业技术研究组合"，1976 年日本通产省组织日立、三菱电机、日本电气、富士通、东芝等五大公司与日本工业技术研究院电子综合研究所和计算机综合研究所合作成立超大规模集成电路（VLSI）技术研究组合，迅速提升了日本企业在半导体领域的竞争能力，带动了日本半导体产业迅速崛起。通产省资助该组合的经费高达 291 亿日元，约占总经费的 40%。20 世纪 80 年代，美国为应对来自日本半导体产业的激烈竞争，引导 AT & T、Intel、IBM、NCR、DEC 等 11 家公司组成创新型研发组织"半导体制造技术战略联盟"（SEMATECH），整合各企业的资金和设备资源，分担研究开发中的技术及财务风险，研发半导体材料、制造设备以及将它们集成到半导体制造系统中。SEMATECH 成功运行数年后，美国重新夺回了其在全球半导体市场的垄断地位。

在广泛发展期，政府更加强力推动创新型研发组织发展。随着欧美发达国家纷纷推行"再工业化"战略，创新型研发组织承担了集聚创新人才、对接市场需求、加快科技成果转化、提升产学研协同创新效果，进而支撑产业转型升级的多重任务。特别是在互联网、大数据、人工智能等技术日新月异的背景下，美、德、日等发达国家均致力于适应科技革命和产业变革需求，强化政府、高校院所与企业的协同，努力加快"基础研究—技术开发—产业化"的进程，抢占科技和经济制高点，其重要举措之一就是积极推进创新型研发组织发展。在这一阶段，随着各研发组织愈发成熟，政府调动多方资源与力量，实现人才、技术资源的集中配置，从而构建协同创新的应用技术转化与产业化网络。

2012 年开始，美国推进重振制造业计划，采取的重点举措就是建立 45 个制造业创新研究院（IMI），各研究院均由政府主导，大学和企业参与。2010 年，时任英国首相卡梅伦宣布英国政府计划在 2011—2015 年投资 2 亿英镑，建立一批世界级技术创新中心，促进科技成果产业化，加快打造科技与经济紧密结合的技术创新体系。2021 年，美国总统科技顾问委员会向美国政府提交了《未来产业研究所：美国科学与技术领导力的新模式》咨询报告，旨在通过未来产业研究所的建设，全面提升科研管理的灵活性，保证美国在未来产业领域的世界领导地位。未来产业研究所的特色在于，与产业创新相关的所有公共及私营部门均作为核心合作伙伴参与其中，涉及从基础研究到产品开发及推广的创新全流程。

第二节 国外典型创新型研发组织案例

1. 德国弗劳恩霍夫协会

德国弗劳恩霍夫协会成立于 1949 年，是欧洲最大的从事应用研究的科研机构。弗劳恩霍夫协会在德国设有总部、76家研究所和研究机构，同时在欧洲、美洲、亚洲设有国际研究中心和代表处，目前拥有超过3万名员工，主要为科研人员和工程师。弗劳恩霍夫协会的目标是成为具有强大开发潜力的、面向未来的研究领域的领导者，主要研究领域包括生物经济、数字医疗、人工智能、下一代高性能计算、量子技术、氢能技术、资源效率以及气候技术等。

（1）以构筑产业创新发展支撑为功能定位

作为一家非营利性科研机构，弗劳恩霍夫协会聚焦开展以共性技术为主的应用研究，其研究主要分为两大类：一类是面向产业界现实需求，围绕企业发展中所遇到的技术难题，提供技术和产品研发服务；另一类则是依托协会自身强大的研发实力，面向未来产业开展导向性研究。

（2）多元化和多层次的组织架构

弗劳恩霍夫协会主要由会员大会、理事会、执行委员会、学术委员会和高层管理者会议等组成。会员大会由协会成员组成，是协会的最高权力机构，每年定期召开一次会议。理事会是协会的最高决策机构，由会员大会选举产生，由来自世界各地的科技界、工业界等的杰出人士以及政府代表共同组成。执行委员会是协会的日常管理机构，其四位成员中有两位是知名科学家或工程师，一位是有经验的商业管理人士，另一位则必须在公共服务部门担任过高级管理职务。学术委员会是协会的内部咨询机构，由协会各研究所所长、研究所高级管理人员以及各研究所选举出来的科研人员代表组成。高层管理者会议是协会管理和运行的协调机构，由执行委员会成员和7个学部的负责人组成，每季度举行一次例会。研究所是协会的基层单位，相对独立，协会通常情况下极少干预其运营，研究所进行独立核算。在协会和研究所之间，还设有"学部"这一层级，其基本功能是协调同一学科领域里不同研究所之间的交流与合作，实现科研资源的共享与高效利用。

（3）多元经费来源结构

弗劳恩霍夫协会的经费主要包括"非竞争性资金"和"竞争性资金"两种类型，前者主要为德国联邦政府与地方各州政府及欧盟投入的面向工业和社会未来发展的科技事业基金等，占比为 70% ~ 75%；后者主要来自公共部门的招标课题以及协会与产业界签订的研发合同收入等，占比为 25% ~ 30%。这种经费结构既通过竞争性资金激励开展产业导向的研发活动，也通过非竞争性资金使机构维持一定的科研独立性，保证研究所对高风险的、研发周期更长的前沿技术和基础性研究的投入。

（4）"合同科研"合作机制

弗劳恩霍夫协会在为企业及其他服务对象提供科研服务方面，主要依靠"合同科研"的合作机制，即企业就具体的技术改进、产品开发等提出需求，委托协会有关研究所开展有针对性的研发，并支付研发费用。协会从产品的研发需求分析到系统设计，再到产品原型开发，为客户提供量身定制的系统性解决方案，增加其产品在市场上的核心竞争力，研发完成后将成果转交给委托方。

（5）灵活开放的用人机制

弗劳恩霍夫协会各研究所所长均由协会所在地的大学教授担任，且大部分所长都曾经担任过大企业的董事或研究与发展部主任，这样有利于把当地产业界的科技需求、大学的科研能力和研究所的科技开发活动紧密地结合起

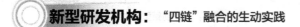

来。协会对科研人员的管理还具有流动性和项目化的特点，研究所实行固定岗与流动岗相结合的人员管理方式。协会的大多数科研人员和技术人员都是合同制人员，协会一般和新进人员签订与承担项目周期一致的 3～5 年的定期合同。

2. 日本产业技术综合研究所

日本产业技术综合研究所（National Institute of Advanced Industrial Science and Technology，AIST）在 2001 年正式成为独立行政法人，由日本的工业技术研究院和全国 15 个产业技术类研究所整合而成，是日本最大的国立研究机构，旨在成为大学与企业界之间的桥梁，连接从基础科研到新产品开发的全过程。截至 2023 年 7 月，AIST 员工总数为 2865 人，包括专职研究人员 2188 人和行政人员 677 人。在所有员工中，有高级管理人员 7 人，访问学者 289 人，博士后研究员 170 人，技术人员 1508 人。此外，还有兼职研究人员 5203 人，来自高校、企业、其他法人机构的兼职研究人员分别有 2082 人、1760 人和 635 人。

（1）围绕科研活动特征设置组织架构

改制后的 AIST 实行理事长负责制，理事长担任法人代表，研究管理人员及职员由理事长任命；监事负责业务监察，与理事长形成积极互动平衡的关系，二人都由主管大臣任命。理事长的直属部门包括规划本部、业务推进本部、评估部及环境安全管理部：规划本部负责辅佐理事长，策划经营方针及研究方针；业务推进本部负责辅佐理事长进行业务效率化方针的规划、立案及实施；评估部负责辅佐理事长对研究所整体及研究实施部门进行评估；

环境安全管理部负责管理内部劳动环境的装备，制定安全卫生及安全管理体制并落实相关管理体制。

在理事长之下，研究组织架构包括研究管理部门、研究实施部门及研究关联部门。其中，研究实施部门主要负责开展具体的科研工作，主要包括 3 类研究组织。一是有一定存续时间期限（通常为 7 年）的研究中心，每年需要完成明确的考核目标，并对预算和人事等研究资源的使用享有优先权，研究中心主任全权负责中心运营，按照自上而下的方式进行管理。二是自下而上的研究院组织，主要任务是保持 AIST 的技术潜力和不断开发新的技术领域，对这种研究院组织的存续时间没有具体限制，目标是保持持续行动，以实施 AIST 的中长期战略。三是短时效的研究实验室，主要负责推进具体的研究项目，特别是那些跨领域的项目，以满足政府需要。

（2）多元的资金来源和自由的分配方式

AIST 的资金来源较广，除了政府按照规划下拨大部分经费，AIST 还通过与产业界的合作研究或接受委托进行研究以获得经费，并可以通过技术转移机构进行技术授权来获得企业的资金支持。政府下拨的经费由理事长管理，在确保重要研究计划开展的基础上，面向 AIST 所有研究人员开放申请。研究人员可以结合所内发展方向提交课题申请，并参与竞争以获取经费。此外，研究人员也可以通过自身努力从外部竞争中获取研究经费。AIST 将研究经费预算制度改为决算制度，政府下拨的经费不受会计法及国有资产法限制，可以跨年度使用，目的是方便研究计划的规划与调整，有利于集中资金聚焦重要研究计划。政府对 AIST 采用了企业会计制度，即 AIST 以民营企业的方式进行运作，赋予 AIST 财务自主权，但不要

求 AIST 像民营企业那样自负盈亏。

（3）严谨的研究主题确定机制和研究成果评价机制

AIST 甄选研发项目时强调技术优势，注重对产业的辐射潜力。采用前景预测法进行技术预测，分析政府、产业和社会的需求，选择最优结果，初步形成研究主题；战略目标和研究主题由产业界和经产省高层讨论，自上而下确定，AIST 的技术预测分析结果应和产业需求相适应，而后战略目标与研究主题由 AIST 上层管理者和员工经过讨论达成共识。在成果评价方面，经过法人化改革后，日本政府对 AIST 进行有条件的拨款，要求其必须完成政府在中长期发展规划中制定的目标。政府委托第三方机构对 AIST 完成年度和中期目标情况进行评价，评价标准由注重"效率"向注重"成果"转变，评价内容主要包括路线图评价、主要产出评价和内部管理评价。在评价方法方面，采用专家评价和基础数据监测相结合的方法，一旦规划不能如期完成或完成成效较差，政府将依据法律减少或停止经费的拨付。

（4）重视高层次人才引进与激发研究人员的积极性

AIST 通过聘用国外研究人员、邀请国外著名学者来访，派人员到国外研究机构及高校进行研究访问等，确保对先进技术、新兴技术信息的掌握，已同麻省理工学院、斯坦福大学、剑桥大学等大学以及中国科学院、法国国家科学研究中心、美国国家标准及技术研究院等研究机构建立了良好的合作关系。此外，AIST 积极引进、吸收具有不同技术背景和文化背景的研究人员开展合作研究，同时加强与产业界的合作，大量引进博士后研究人员和企业研究人员，加快多领域人才涌入。在薪酬激励方面，AIST 在财务管理上享有较大的自主权，在经产省确定工资总额的前提下，有权决定内部人员的工资分配。在保障科研人员工资水平相对稳定的条件下，AIST 对所有员工实行差别工资和浮动工资制度。理事长虽然实行年薪制，但全年中前两个月的工资采取浮动制，由评估委员会评价后决定。员工全年的收入相当于 16 个月的工资，其中有 1 ～ 4 个月的评价工资属于浮动工资。这样既保持了科研人员收入的相对稳定，又极大地调动了科研人员的积极性和主动性。

3. 比利时微电子研究中心

比利时微电子研究中心（Interuniversity Microelectronics Centre，IMEC）成立于 1984 年，是一家由政府牵头组建，研发、培训和制造三位一体的非营利性机构。IMEC 的使命定位为，在微电子技术、纳米技术以及信息系统设计的前沿领域对未来产业需求进行超前研发。IMEC 最高决策层为理事会，理事会由来自产业界、当地政府和当地高校的代表组成，人数各占 1/3。自成立以来，IMEC 聚焦全球微电子及相关领域的关键共性技术研发，形成了以关键前沿技术项目集而不是以单元产品开发为导向的项目驱动的战略，产生了一系列 "0 → 1" 的原始创新成果，与 IBM 和 Intel 并称国际高科技界的 "3I"。

（1）有条件的政府资助

政府长期稳定的支持是 IMEC 发展壮大的重要原因，但政府同时对经费的部分分配权做了规定，例如，先将信息领域的年度经费划拨给 IMEC，同时规定 10% 以上的经费必须以合作研发方式转划给本地科研机构和大学，以促使公共资源投入在不同创新单元间耦合协作。虽然政府经费在 IMEC 收入中的占比逐渐降低，但当 IMEC 有重大项目时，弗拉芒大区政府通常会率

先对其进行额外投资，这也增强了全球投资者和合作者对参与 IMEC 项目的信心。

（2）一流的研发硬件设施

IMEC 的主体是一个由专职人员和基础设施组成的独立实体，在强大的研发设施的支持下，IMEC 的研究几乎涵盖了纳米电子学的各个方面。硬件平台的核心是两个最先进的洁净室，实行半工业化操作：一个是专注于研发 10 纳米工艺技术的 300 毫米无尘室；另一个是 200 毫米无尘室，用来进行传感器、MEMS（微机电系统）、NEMS（纳米机电系统）等技术的研发。IMEC 的硬件平台起到了两方面的桥梁作用，一方面连接了学术界和产业界，另一方面连接了设备商（含材料商）和制造商，从而消除了基础研究、应用研究和产业化之间的鸿沟，使得产品在工艺研发阶段就能进行先期技术对接，这也成为其吸引半导体大厂参与联合研发的原因之一。

（3）权责清晰的合作规则

知识产权是研发和技术创新的战略资源及主要产出，处理好合作各方在知识产权中的权责及利益诉求是高新技术企业和高新技术产业可持续发展中至关重要的环节。面对不同的研发合作伙伴，IMEC 设计了多种不同的知识产权合作模式。第一种是 R0 模式，即 IMEC 独有知识产权，通常针对战略性基础技术，IMEC 不与合作伙伴分享知识产权所有权，合作伙伴可通过专利许可获得使用权。第二种是 R1 模式，即 IMEC 与合作伙伴共同拥有知识产权，一般针对通用性、方法性的成果，知识产权所有权归 IMEC 和合作伙伴共有，其他合作伙伴可免费获得使用权。当使用 R1 模式会与该合作伙伴产品相关联且不会妨碍产业联合项目研发时，该合作伙伴可与 IMEC 约定不授权其他合作伙伴使用，这时称为 R1* 模式。第三种是 R2 模式，即合作伙伴独有知识产权。IMEC 允许合作伙伴将双边研究与企业需求结合起来，对于双方开发出的对企业有价值的成果，根据之前的双边协议，知识产权所有权归该合作伙伴独有。这种健全、透明的知识产权规则，最大限度地避免了恶性竞争，确保不损害各合作伙伴的利益。

（4）子公司分离策略

为了保持中立性，弗拉芒大区政府要求当 IMEC 具有可以商业化的成果时，必须分离出子公司（每年必须至少分离 1 家子公司），将相关技术以一次性买断的方式进行转让，IMEC 可通过技术转让获取该公司 5% ~ 15% 的股权，以避免和合作伙伴、客户形成商业竞争关系。每年至少分离出 1 家子公司对 IMEC 来说是不小的损失，但对当地产业发展来说却较为有利。

（5）开放的广泛性国际合作

IMEC 的合作伙伴几乎遍及欧洲乃至全球。IMEC 的技术合作模式一般有两种：一种是多家合作模式（IIAP 模式）；另一种是双边合作模式，如与飞利浦在 90 纳米工艺技术上的合作。IIAP 模式的合作基础是"风险与费用共担、人才与成果共享"，被公认是研发合作模式中最成功的一种。对于已经开发成功的成果的转移，IMEC 则采用"Know-How"的技术转移形式向技术接收方提供技术文件、研发报告和培训，最大限度地向合作伙伴提供开放场景。

4. 英国弹射中心

英国弹射中心（UK Catapult Centers）于 2010 年 10 月启动，由英

国政府资助、英国技术战略委员会建设，定位于世界级技术创新中心。该中心旨在促进英国的科技成果产业化，建设不同领域的弹射中心，形成创新网络，加快打造科技与经济紧密结合的技术创新体系。目前，已建成11个聚焦不同领域的弹射中心，分别是高价值制造、细胞与基因疗法、运输系统、近海可再生能源、卫星应用、数字化、未来城市、能源系统、精准医疗、医药研发、复合半导体应用，并计划于2030年前建成30个中心。

作为英国创新系统的重要组成部分，弹射中心在破解创新难题方面发挥着不可估量的作用，其始终坚持企业导向，紧密结合英国基础研发优势，有效整合英国创新资源，向实现国家高端创新优先领域发展战略迈进。2019年，英国弹射中心年度总投入10亿英镑，在职员工4712人，产业合作项目14 750项，获学术支持项目5108项，已成立1131家大学实验室和4091家企业实验室，支持中小企业8332家，运行的世界一流创新基础设施价值13亿英镑，合作伙伴遍布全球24个国家和地区，国际化成果高达1218项。

（1）以企业为主导的中心治理体制

英国弹射中心虽然由英国政府倡导设立，但并不从属于政府，是以英国技术战略委员会为主导，在不同领域采取"政府+企业"模式建立的非营利性机构。各中心属于独立实体，是自主经营的非营利性机构，在中心协议和政策目标范围内自主运营，允许根据客户不断变化的需求和业务基础调整经营方针。每个中心以企业为主导，管理委员会负责自身业务规划、自身资产负债管理、设备管理和设施所有权及知识产权管理。各中心治理结构具体包括：委员会主席，即董事会主席，其人选必须兼具创业精神、工业经验和

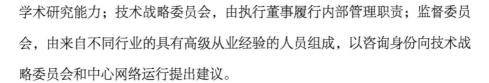

学术研究能力；技术战略委员会，由执行董事履行内部管理职责；监督委员会，由来自不同行业的具有高级从业经验的人员组成，以咨询身份向技术战略委员会和中心网络运行提出建议。

（2）多元平行的资金来源

根据统计数据，2010 年秋季，英国政府投入超过 2 亿英镑的公共资金，在 2011 年到 2015 年的 4 年建设期内，资助建立 7 个弹射中心，由英国创新署负责整体项目实施和监管。2013 年，7 个中心投入运营，公共部门和私人部门投资共计超过 10 亿英镑。资金的 1/3 源于与企业签订的创新合同，属于竞争性资金；1/3 源于合作研究与开发项目，也属于竞争性资金；余下的 1/3 来自英国创新署核心公共投资，即政府直接拨款，由技术战略委员会提供，投资额度为每年 500 万～1000 万英镑，投资周期为 5～10 年。3 种平行的资金来源渠道使竞争性资金与非竞争性资金相结合，同时，产业资金这一收入来源能避免弹射中心为获得英国创新署核心公共投资而投入太多精力，同时也能避免财政资金紧缩时可能带来的创新资金风险。

（3）透明细致的知识产权管理

英国弹射中心的知识产权管理有助于加快新技术商业化和英国高技术产业发展。一方面是灵活和协作的知识产权管理，即每个中心拥有专业的知识产权管理方法，详细方法因具体技术领域和部门而异，目标是鼓励协作，通过灵活安排以适应不同规模的合作伙伴和不同企业用户的情况，并保护中心和客户为项目提供的现有知识产权。另一方面是透明和开放的知识产权管理。中心采用透明和开放的管理模式，确保在项目中创造的新知识产权被中

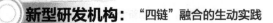

心和客户应用，从而产生经济价值。

（4）品牌化发展战略

政府在设立中心之初就对品牌进行战略规划，明确品牌目标和导向。英国政府旨在通过塑造独特的中心网络品牌价值，将其作为"英国制造""英国创造"的象征，在全球范围内建立卓越影响力。品牌名称设计广泛征集专家和社会意见，进而反映价值主张和品牌承诺，并规划如何在实践中传播，建立声誉，在英国经济增长中发挥积极作用。

第三节　国外创新型研发组织发展分析

1. 主要身份类型

法人身份是新型研发机构发展运行的基础。梳理研究国外典型的创新型研发组织发现，在身份界定上，大致有国立研发法人、社团法人／协会组织、双重身份等3个类型。

国立研发法人。 国家将创新型研发组织作为国家创新体系的重要组成部分，法律赋予研发组织独立法人制度，以法律形式明确研发法人的管理方式、组织结构、经费来源、管理方式等，为机构开展创新活动提供制度基础。典型的代表是日本，比如 AIST 等机构是研发法人身份。从日本研发法人的改革脉络来看，日本经历了大约 15 年的改革变迁。进入 21 世纪，为应对科技发展特征和创新模式的显著变化，消除国立科研机构体制机制的弊端，日本政府开始逐步推行国立科研机构独立法人制度。2001 年，日本政府将原属于通产省的日本工业技术研究院与日本国内 15 个产业技术类研究所合并，形成具有独立行政法人资格的 AIST；2015 年 4 月 AIST 又转为国立研发法人。

日本国立研发法人主体身份具有以下几方面的特点：一是中长期目标管理法人，日本政府将国立研发法人机构的中长期目标实施期限由 3 ～ 5 年延长至 5 ～ 7 年，以便为研究人员营造可长期潜心研究的宽松环境；二是国立研发法人以研发相关活动为主要业务，旨在实现研发成果最大化，其中，指定包含 AIST 在内的 3 家特定国立研发法人的目标是取得世界顶尖水平的研究成果；三是采取的绩效评价方式增强了国家与国立研发法人的直接互动，由主管大臣对国立研发法人机构进行评价，重点关注机构当前取得的成果是否有助于实现未来的研发目标，而不限于过去研发活动的目标达成度，评价结果将反映在日本政府对国立研发法人机构的资金分配、组织架构和业务运营调整等环节。

社团法人 / 协会组织。这一类身份以德国为代表，这与德国的民族文化等有一定的关系，深厚的哲学底蕴和悠久的文化传统孕育出高度的思想性与组织性，使得德国成为当今世界上社团组织数量最多的国家之一。德国的各种民间组织数量繁多、作用突出、影响巨大，构成与民主政治制度和社会市场经济分庭抗礼、相得益彰的第三部门。在德国，依法登记的社团组织可以获得法人资格，也可以享受国家多种税收优惠。在科技领域也涌现出大量的社团组织，德国科技社团是当科学和技术发展到一定程度时，因行业内部的需求而形成的。德国科技社团作为一类重要的非营利组织，其形式和内容极为丰富，组建方式灵活多样，在协调政府、企业、其他机构和个人关系的过

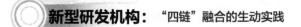

程中发挥了重要的桥梁作用。比如弗劳恩霍夫协会即为社团法人组织。弗劳恩霍夫协会在成立初期，主要职能是通过政府机构捐赠和协会成员筹集资金等方式，将资金分配给与行业相关的机构开展项目研究。1951年，该协会首次通过欧洲复兴计划获得资金，其影响力逐步扩大。1952年，该协会与德意志研究联合会、马普学会被正式认定为德国研究领域的3个关键组织。1972年之后，该协会的研发工作逐步按照市场导向开展，支持中小企业研究的弗劳恩霍夫计划随之产生。

双重身份。这一类身份以英国为代表，英国持续进行公共科研机构的改革，科技发展重点彻底转向服务经济发展，科研机构也逐步强化市场意识，部分机构走上私营化道路。英国从2011年起陆续建立一批国家技术与创新中心（弹射中心），弥补科学研究向应用转化的不足，打造战略技术领域的未来市场优势，为企业技术创新提供基础设施、合同研发及商业化服务，其功能定位类似于国内的新型研发机构。典型的机构如法拉第研究所等，其一般采用企业和慈善组织双重法律身份，主要沿用私营化改革时期的做法，采用担保有限公司身份，这类公司本身没有股份且不分红，属于非营利法人；同时，机构又注册为慈善组织，所有支出都用于慈善，经费收入不需要纳税且享受多种税收优惠。采用双重身份的机构依照公司法和慈善法管理，有利于维护机构的独立性、稳定性和公益性。

2. 组织发展特征

在发展定位上，具有引领产业研发的战略定位。国外典型的创新型研发组织定位于从事行业引领型的研发，支持区域产业发展，服务于产业内企业的需求，但不与企业争利，强调技术整体扩散而非单一技术转移。比如弗劳恩霍夫协会、IMEC 等主要进行竞争前的前瞻性技术研发和共性技术研发，成功之后再通过各种方式将技术向企业转移，强调集中引进和研究开发技术，向产业界转移和扩散。研发功能是核心功能，成立衍生公司、孵化创新企业是重要功能。通过孵化，有利于形成股权、利润捐赠等对创新型研发组织的反哺。

在运营机制上，具有明显的市场化特征。美国制造业创新网络吸收了除政府外的多重投资主体，采用以董事会为核心的商业治理模式进行组织管理；巴特尔纪念研究所将商业化运作与专业化管理有机结合，以纯私立的非营利性机构身份参与科学创新、科学服务和科普教育活动，以经济利益为内部考核指标，建立目标式管理模式；德国弗劳恩霍夫协会和英国弹射中心则采取"政府 + 企业"的管理模式，建立政府负责监管、企业参与或主导的管理委员会运营模式。

在创新模式上，注重多方协同的开放式创新。国外典型的创新型研发组织也是政府、高校院所、产业力量等多方协同的机构，国外典型的创新型研发组织更加注重与高校资源、产业资源的紧密协同，形成开放式创新的格局，产业链、创新链、资本链、服务链有机结合、互联互通，从产业生态到创新生态中来，再从创新生态到产业生态中去。这种与学术界、产业界紧密互动的关系主要通过人才的流动起到穿针引线的作用，比如德国弗劳恩霍夫协会的模式。

在盈利模式上，注重在政府支持下逐步实现自我造血。国外典型的创新型研发组织强化政府引导的市场化运作机制，从而解决创新市场失灵的问

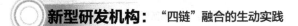

题，做一个非营利却能够盈利的研发组织，而非政府、高校院所等母体的延伸。在运行中，政府的财政资助、研发合同收入、孵化收益反哺等都是必要的。创新型研发组织运营前期以政府稳定投入为主，然后逐步减少财政资金的投入比例，并且政府稳定的资金支持倾向于投入社会资本还不愿意过早进入的前瞻性技术研发和处于竞争前的共性技术研发。这符合公共财政培育市场的宗旨和规律，也有利于创新型研发组织形成自我造血的发展机制。

3. 绩效评价

这里主要对典型创新型研发组织的绩效评价进行分析。

（1）德国弗劳恩霍夫协会的绩效评价

德国倡导科学自治，赋予科研机构很大的自主权，同时提供科研计划、项目以及人员资助经费，引导和监督科研机构的科研目标朝着政府既定方向前进。与该科研管理模式相匹配的是，德国构建了一套不同层级的完整评价体系，由德国科学委员会统领，对科研机构进行绩效评价，包括对马普学会、亥姆霍兹联合会、莱布尼茨学会和弗劳恩霍夫协会四大研究组织进行评价。

关于评价的体系化安排。评价主要分为协会对各研究所的年度考评、对协会本身 5 年一次的考评和对重点研发项目的考评。对于各研究所的年度考评，各研究所必须向协会总部提交年度报告，报告研发计划、执行情况、研究成果以及成果转化情况、人员变动情况、产业／学术合作情况等，协会执行委员会委托专家对报告进行审查，并给出评价意见。对于协会 5 年一次的考评，主要委托 10 位来自外部学术界、产业界和公共部门的专家组成的评估委员会，通过审查研究所报告、开展实地考察、开展质询答辩等环节进行评估。

关于评价的内容。德国弗劳恩霍夫协会在功能定位上属于产业技术应用类科研院所，其关注的核心指标是研究所获得的年度总经费中的外部经费（财政资助以外的研发经费）的比例、外部经费中源自企业的项目经费，以及从欧盟获得的经费、客户满意度、提供的技术与成果情况、人员情况等。另外，评估委员会还会评价协会的战略计划完成情况、重点课题实施进度、科研人员素质与结构、科研设施水平与利用率等，也会分层次从科技、经济与社会等方面对协会重点研发项目的成效和影响进行评价。

关于绩效评价结果的使用。绩效评价的结果是经费和资源分配的重要依据。协会将每年对各研究所的绩效评价结果作为向各个研究所分配经费、确定发展规划、确定员工薪酬水平、改聘研究所所长等的依据。而针对协会 5 年一次的绩效评价则是政府科研经费拨付的主要依据。总体上，协会、研究所获得的外部经费情况是绩效评价的核心内容，获得的外部经费越多，说明其对产业界的价值越大、研发竞争力越强，相应地，获得的政府资金支持也更多。

（2）AIST 的绩效评价

AIST 作为日本的国立研发法人，按照 1999 年日本国会通过的《独立行政法人通则法》，首要的制度框架是目标管理与绩效评价。日本相关的主管部门要求 AIST 设立中长期目标，并设立专门的独立评价委员会，对 AIST 中长期绩效和年度绩效进行评价，提出相应的改革建议。

关于评价的体系化安排。AIST 按照日本经产省主管大臣提出的明确目标，制定详细的中长期发展规划（每一期发展规划年限为 7 年），并负责对照实施。政府依据规划下拨行政经费，AIST 围绕发展规划开展工作。在每年年终和每期中期（3～5 年），政府委托第三方评估委员会对 AIST 的绩效进行评价。

关于评价的内容。 政府委托第三方进行年度绩效和中长期绩效评价，评价注重成果产出。对 AIST 的评价主要包括路线图评价、主要产出评价和内部管理评价，分别由不同类型的专家负责，评价的目的在于监测研究所服务于产业的能力，确保研究所沿着路线图推进发展，最终满足产业界的技术需求。其中，路线图评价主要关乎对 AIST 长远发展的评价，对研究所路线图中要实现的社会经济影响、具体推进的计划、重点研究的核心技术、国内外的标杆机构等 4 项内容进行考察，进而判断研究所基于这样的路线图的发展情况，以及未来会发展到何种态势。主要产出评价重点考察研究所在按照路线图向前发展的过程中，取得了哪些阶段性的进展。内部管理评价主要对研究所能否保障路线图顺利实施进行考察，并对研究所可能存在的管理风险进行警示。

关于评价的方法。 在评价方法上，采用专家评价和基础数据监测相结合的方式。来自学术界、产业界和政府部门的外部专家负责路线图和主要产出评价。基础数据监测主要指对研究所每年产出指标的监测。

关于绩效评价结果的使用。 绩效评价结果为 AIST 资源配置和研究所的布局调整提供了支撑，日本政府也据此判断 AIST 的工作成绩并采取相应的行政措施。比如，如果绩效评价结果显示 AIST 不能如期完成中长期发展规划既定目标或成效较差，政府将依据法律减少或停止经费的拨付，实现通过

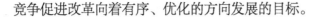

竞争促进改革向着有序、优化的方向发展的目标。

（3）美国国家制造业创新研究院的绩效评价

2012 年，美国启动了"制造业－美国"计划，在全国范围内开展国家制造业创新研究院（以下简称"创新研究院"）建设，在建设过程中高度重视评价考核工作。2013 年 11 月，美国国家标准与技术研究院公开发布了《国家制造业创新网络研究所绩效指标草案》。美国以此草案为基础，在广泛吸纳公众意见和有关研究成果的基础上，于 2015 年出台《创新研究院绩效指标指南：国家制造业创新网络》。该指南基于对创新研究院开展活动和可持续发展的要求，阐明了研究院绩效指标的分类维度和具体内容。该指南还在美国国家标准与技术研究院经济分析办公室相关工作的基础上，提出了通用性评价方法，如原始数据收集、行政数据分析、案例研究、成本收益分析等。该指南主要基于相关专家对政府研发投资评价工具的研究，对各种评价方法进行概述。

关于评价的体系化安排。创新研究院由美国国防部、能源部和商务部发起并提供联邦资助，由先进制造国家计划办公室（AMNPO）负责制造业创新网络的统一组织、管理、协调和评价考核。AMNPO 在 2015 年 8 月和 2016 年 2 月分别发布了《创新研究院绩效指标指南：国家制造业创新网络》和《制造业创新网络战略规划》，初步明确了创新研究院的评价体系和指标体系。

关于评价的主要内容。2016 年初，为进一步修订和完善评价体系，美国国防部、能源部和商务部共同选定德勤作为第三方评价机构，对"制造业－美国"计划实施状况进行评价。2017 年 1 月，德勤发布评价报告，建议采用分阶段评价方法制定创新研究院绩效评价标准。AMNPO 采纳德勤的建议，初步采用 4 个一级指标和 7 个二级指标来衡量创新研究院的建设情况。4 个一级指标分别是 AIST 对美国创新生态系统的影响、金融杠杆、科技进步、先进制造业劳动力发展，与创新研究院的 4 个发展目标存在映射关系①。

关于绩效评价结果的使用。创新研究院的绩效评价结果主要用于统计观察，不对各创新研究院的建设产生直接影响。具体来看，绩效评价结果主要运用在 3 个方面：一是用于向美国国会等政府部门说明“制造业－美国”计划实施情况；二是作为全国各创新研究院之间研讨合作和管理改进的基本材料；三是向公众公开，便于第三方机构、学术机构等了解和研究创新研究院。

第四节　国外创新型研发组织相关启示

1. 发展的保障：明确法定身份

新型研发机构的明确身份认定有利于其被社会深刻地了解，有利于其围绕明确的定位发展，也有利于其在对接相关政策资源时享受平等待遇。日本、德国等都从各自的具体实际出发，赋予了创新型研发组织特定的法律主体地位，明确了创新型研发组织的使命定位、机构功能等。日本的 AIST 是

---

① 创新研究院的发展目标：目标一，提升美国制造业竞争力；目标二，促进创新技术向产业转化；目标三，加速先进制造业劳动力发展；目标四，支持推动制造业创新机构稳定、可持续发展的商业模式。

国立研发法人性质，德国弗劳恩霍夫协会是社团法人性质。相比事业单位、民办非企业、企业等主体性质，新型研发机构的理想状态是研发法人，这样既能确保新型研发机构有行政管理、重大决策方面的自主权，彻底地去行政化，又有利于保持新型研发机构面向产业的公益属性。伴随科技革命的日新月异与产业的大破大立，如今的新型研发机构越来越需要与基础研究相结合，承担其作为国家战略科技力量的使命。对中国来说，大部分新型研发机构属于"地方科研机构"，想要实施好"地方人做国家事"，就需要对研发法人相关的身份进行研究和探索。

2. 发展的重点：促进多方协同

国外创新型研发组织类型多元，但均与社会、政府、市场保持一定的关系，而不同的关系对创新型研发组织的建设和发展也有着不同的作用。目前，我国新型研发机构发展正处于摸索阶段，引入市场化机制参与新型研发机构的建设、妥善处理新型研发机构与市场之间的关系是建设新型研发机构不可避开的话题。明确社会与新型研发机构之间的关系，具体包括以下几方面。一是要明确新型研发机构的发展目标与定位，深入开展系统性政策及战略研究，为国家和地方层面促进新型研发机构发展提供指引和方向。例如，制造业创新网络的建设以推动美国制造业复苏为己任、德国宇航中心专注科研项目管理的标准化等，各新型研发机构在推动社会进步这一定位上均有着宏大的愿景。二是要明确政府在新型研发机构运行中的角色和功能。国内外新型研发机构的成功往往都离不开政府的支持，但需要明确的一点是，政府资金重点支持外部经费不愿意介入的公益性、前瞻性技术研发，从而与外部经费形成互补。比如 IMEC，地方政府每年给予其拨款资助，并且要求其中至少 10% 用于与科研机构和大学等合作开展前瞻性研究，产生的研究成果成为 IMEC 吸引产业合作、扩大外部经费来源的“资本”。三是要明确市场在资源配置和新型研发机构运行过程中的重要地位，正确处理新型研发机构与市场之间的关系，关键是在鼓励和提倡新型研发机构积极参与市场竞争、主动引进市场机制的同时，对机构活动给予必要约束。

3. 发展的关键：实现自我造血

国外的创新型研发组织在发展过程中也经历了由政府资金支持逐步走向自盈利的过程。由于新型研发机构面向产业关键共性领域开展研发，具有一定的公益属性，因此需要政府强有力的支持，政府资助主要聚焦于具备公益属性的研发领域，或基础性、前沿性研发领域，以保障新型研发机构能够处于发展的前沿。在具体的机制设计上，需要引导新型研发机构走向竞争、走向市场、获得收益，从而支撑其持续运营。新型研发机构能够实现自我造血，最关键的是要具备市场化的思维，深刻把握产业和企业用户的实际需求，以应用为导向，提供具有实际应用价值及市场前景的技术、工艺和产品。新型研发机构的领头人应是具备产业视野的科研人员，能将产业思维和研发有机结合。政府的支持要和新型研发机构的市场化运营能力挂钩，对于市场化运营能力强的机构，其已经跑通了运营模式，政府的资金可以持续给予支持，以促进其开展公益性的研发，形成一个正向激励机制。要支持新型研发机构去行政化，在运营上，机构采用类似企业的经营方式，做到权责清晰、管理科学。要充分灵活运用考核激励、末位淘汰等方式，调动新型研发

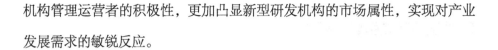

机构管理运营者的积极性，更加凸显新型研发机构的市场属性，实现对产业发展需求的敏锐反应。

4. 发展的根本：构建创新生态

面向科技创新全链条建设创新型研发主体，既要注重研发效益，也要考虑产业效益。英国弹射中心侧重新兴技术领域，尤其是英国在世界上处于领先地位的技术领域。各个弹射中心的技术领域不重叠，共建单位发展优势明显。未来，我国新型研发机构在发展建设的过程中要避免创新资源分散，每家新型研发机构可专注于一个特定的技术领域。新型研发机构的牵头单位或管理单位最好是该领域内的非营利性机构，长期从事本领域相关技术的研究开发，在行业内具有较大的影响力与权威性，有较好的产学研合作基础，能够充分整合和利用领域内的各种创新资源。新型研发机构在技术领域进行甄别时，要充分听取产业界和学术界的意见，并向投资机构、科技服务机构等更广的利益相关者公开咨询。美国制造业创新网络中未来轻量制造创新中心吸收了来自高校、企业等的各方代表的意见，最终确定专注于汽车产业，在汽车产业内构建、拓展了系列产业链，为创新中心建立了可持续的创新生态。我国新型研发机构所选定的技术领域要符合我国产业发展的现实与长远需求，具有巨大的市场潜力，能够切实促进我国制造业产业能力的提升。新型研发机构应重点考虑产业链、创新链上下游的配套发展情况，通过多种渠道和方式，围绕新技术转化及应用，打造上下游产业联盟协同合作的创新生态系统，拓展产业链定义，持续建链、延链、强链、补链，使得创新生态系统能够切实运转起来。

5. 发展的有效引导：绩效评价

国外政府注重运用绩效评价引导创新型研发组织发展，这样既确保政府财政的效率，也确保创新型研发组织能够对产业、社会发挥作用。国外对创新型研发组织采取的绩效评价的做法值得借鉴。一是注重从创新型研发组织的战略使命和关键功能出发开展考核。如日本的 AIST，日本相关政府部门主要结合 AIST 的中长期发展规划及目标开展评价，确保组织能够沿着既定的战略规划发展。二是开展较长周期的绩效评价。针对创新型研发组织的研发、转化等，需要给予一定的时间，对创新型研发组织核心价值的考核需要更加关注中长期的考核评价。三是注重核心关键指标的作用。关键指标是引导创新型研发组织发展的核心。比如，德国弗劳恩霍夫协会重视考核协会所获得的产业界合同收入相关的指标，引导协会有效服务于产业界。因此要重视对研发成果相关指标进行考核。四是产业界力量参与创新型研发组织的考核。基于创新型研发组织是面向产业、面向应用的研发组织这一核心，国外重视产业界人员的参与，以更准确地评价组织对产业界的价值和作用。比如，德国弗劳恩霍夫协会考评 5 年一次，要求必须有产业界的专家参与。

第五章

分毫析厘：
国内新型研发机构
发展现状分析

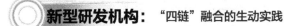

党的二十大报告提出："完善科技创新体系。坚持创新在我国现代化建设全局中的核心地位。"这进一步阐述了国家战略科技创新体系的重要性，完善了国家创新体系的内涵和外延。《中华人民共和国国民经济和社会发展第十四个五年规划和 2035 年远景目标纲要》提出"整合优化科技资源配置""以国家战略性需求为导向推进创新体系优化组合""支持发展新型研究型大学、新型研发机构等新型创新主体，推动投入主体多元化、管理制度现代化、运行机制市场化、用人机制灵活化"。新型研发机构是国家战略科技创新体系的重要组成部分，对于盘活创新资源、实现创新链的有机重组、提升国家创新体系整体效能具有重要意义。本章基于火炬中心 2022 年 9—12 月对全国 31 个省（自治区、直辖市，不含港澳台）和 5 个计划单列市的新型研发机构的调查监测数据（2021 年数据），对全国新型研发机构发展现状进行系统分析。

第一节　全国新型研发机构基本情况概览

1. 规模数量持续增长

在新时代经济社会高质量发展对技术创新的驱动下，2021 年新修订的《中华人民共和国科学技术进步法》与发布的《中华人民共和国国民经济和社会发展第十四个五年规划和 2035 年远景目标纲要》中提及新型研究开发机构 / 新型研发机构，这提高了各地积极培育、建设新型研发机构的积极性，并持续规范相关管理工作。截至 2022 年底，全国已有 27 个省（自治区、直辖市）和 5 个计划单列市开展了新型研发机构认定备案工作。监测数据显示，截至 2021

年底，我国新型研发机构共计2412家①，比2020年增加了272家，全国新型研发机构数量逐年增长，群体规模持续壮大。

新型研发机构的建设爆发期主要在"十三五"期间。监测数据显示，2016—2021年注册成立的新型研发机构有1415家（如图5-1所示），占我国新型研发机构总数的一半以上。其中，2019年注册成立的机构数量最多，达到326家，占新型研发机构总数的13.52%；其次是2018年和2020年，分别注册成立307家和262家，占新型研发机构总数的12.73%和10.86%。

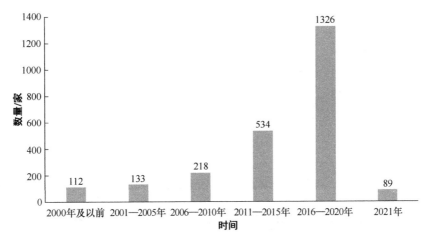

图 5-1　新型研发机构注册数量时间分布

2. 区域分布相对集中

从区域分布看，我国新型研发机构集中分布于东部地区。截至2021年底，东部地区新型研发机构数量达到1445家，占新型研发机构总数的

---

① 此次调查采取机构自主填报、各省份科技厅（委、局）审核的形式进行。最后纳入全国新型研发机构调查统计范围的机构均为各省份科技厅（委、局）审核通过的机构，未审核通过的机构不纳入最终统计。

59.91%，占比与 2020 年（60.05%）基本持平；中部和西部地区分别为 553 家和 331 家，占比为 22.93% 和 13.72%；东北地区新型研发机构数量最少，仅 83 家，占比为 3.44%。另外，如图 5-2 所示，与 2020 年相比，四大区域新型研发机构数量均实现了增长，其中东部地区数量增长最多，增长了 160 家。

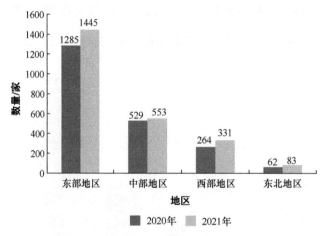

图 5-2　新型研发机构区域分布情况对比（2020—2021 年）

如图 5-3 所示，从地区分布看，截至 2021 年底，江苏省、山东省、湖北省、广东省和重庆市的新型研发机构数量位列全国前五，5 个省市的新型研发机构数量共计 1553 家，占全国新型研发机构总数的 64.39%。其中，江苏省的新型研发机构数量最多，达到 555 家，占全国新型研发机构总数的 23.01%；山东省、湖北省、广东省和重庆市的新型研发机构数量分别为 335 家、292 家、228 家和 143 家，分别占全国新型研发机构总数的 13.89%、12.11%、9.45% 和 5.93%。

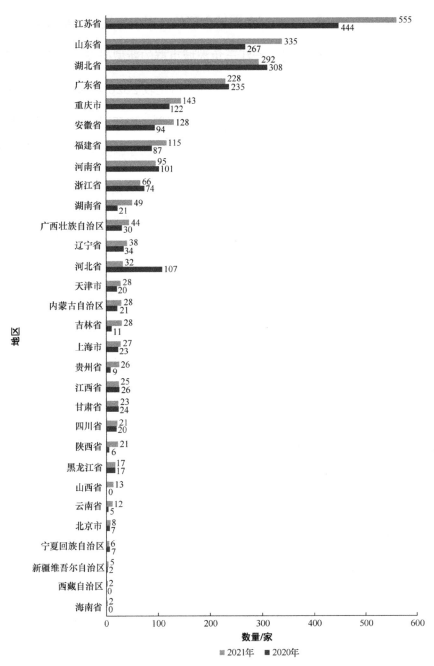

图 5-3 新型研发机构地区分布情况（2020—2021 年）

从城市群分布看，长江三角洲城市群的新型研发机构数量最多。如图 5-4 所示，截至 2021 年底，长江三角洲城市群的新型研发机构数量为 544 家，占全国新型研发机构总数的 22.55%，占比较 2020 年降低了 2.82 个百分点。此外，长江中游城市群、山东半岛城市群、珠江三角洲城市群、成渝城市群、粤闽浙沿海城市群和中原城市群也拥有较大规模的新型研发机构群体，机构数量均超过 100 家。各城市群中，长江中游城市群、山东半岛城市群、成渝城市群、粤闽浙沿海城市群等拥有的新型研发机构数量相比 2020 年增长明显。

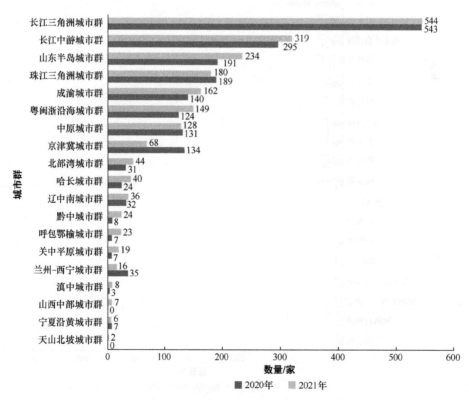

图 5-4 新型研发机构主要城市群分布情况（2020—2021 年）

从园区分布看，国家高新区是我国新型研发机构聚集和成长的重要载体。监测数据显示，我国 177 个国家高新区中的 125 个园区内有新型研发机构注册。截至 2021 年底，位于国家高新区的新型研发机构数量达到 850 家，占全国新型研发机构总数的 35.24%，占比较 2020 年提高了 0.66 个百分点。如图 5-5 所示，截至 2021 年底，南京高新区、合肥高新区、广州高新区、苏州工业园区、济南高新区等 27 个国家高新区的新型研发机构数量均超过 10 家（含），其拥有的新型研发机构数量总和达到 529 家，占全国新型研发机构总数的 21.93%。机构数量排名前五的国家高新区中，合肥高新区拥有的机构数量较 2020 年增加 12 家，苏州工业园区拥有的机构数量较 2020 年增加 9 家。

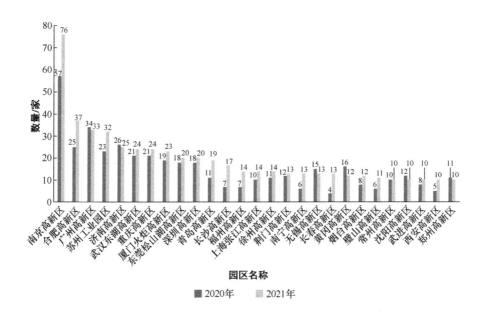

图 5-5　新型研发机构数量排名靠前的国家高新区（2020—2021 年）

3.产业领域分布广泛

基于 2021 年监测数据，如图 5-6 所示，新一代信息技术产业②领域的新型研发机构数量占比最高，达 33.15%；其次为高端装备制造产业领域和新材料产业领域，机构数量占比分别为 25.62% 和 25.37%。同时，新型研发机构具有跨多个产业领域开展研发活动的特征，有 24.41% 的新型研发机构涉及 2 个产业领域，11.77% 的新型研发机构涉及 3 个产业领域（如图 5-7 所示）。

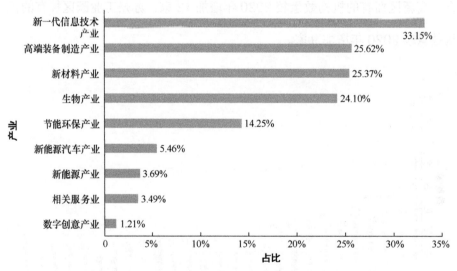

图 5-6　新型研发机构在各产业领域分布情况（2021 年）

---

② 根据国家统计局发布的《战略性新兴产业分类（2018）》，战略性新兴产业包括新一代信息技术产业、高端装备制造产业、新材料产业、生物产业、新能源汽车产业、新能源产业、节能环保产业、数字创意产业、相关服务业等九大领域。

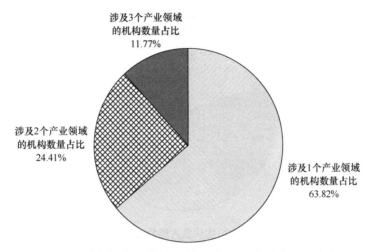

图 5-7 新型研发机构涉及产业领域数量情况（2021 年）

第二节 新型研发机构人员及研发情况简析

1. 人员结构以研发人员为主

根据监测数据，截至 2021 年底，我国新型研发机构从业人员数量达 22.18 万人，较 2020 年增加 1.4 万人。新型研发机构从业人员总数的增加主要源于机构数量的增长。

从规模结构看，大多数新型研发机构呈现 20～100 人（不含）的规模。如图 5-8 所示，从业人员数量为 20～50 人（不含）的机构数量占比为 38.93%，从业人员数量为 50～100 人（不含）的机构数量占比为 22.47%。同时，还有 19.57% 的新型研发机构的从业人员数量在 100 人及以上。

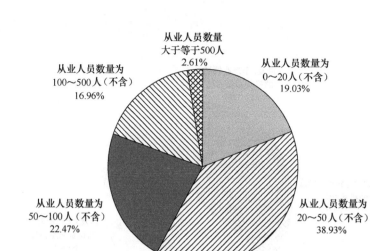

图 5-8　新型研发机构从业人员分布情况（2021 年）

　　从人员结构看，我国新型研发机构围绕主责主业，逐步形成了以研发人员为主体的人员结构。截至 2021 年底，我国新型研发机构研发人员数量达到 14.33 万人；研发人员占新型研发机构从业人员总数的约 64.61%，比 2020 年提高了 0.49 个百分点。新型研发机构研发人员数量均值（平均每家新型研发机构拥有的研发人员数量）为 59.41 人，比 2020 年降低了 2.84 人。但研发人员数量均值的下降幅度小于从业人员数量均值（平均每家新型研发机构拥有的从业人员数量）的下降幅度，这说明在新型研发机构人员的总体流动中，聚焦主责主业的人员结构塑造卓有成效。

　　新型研发机构成为高水平研发人员集聚的平台。从机构拥有的高端人才情况看，30.39% 的新型研发机构拥有两院院士、长江学者等行业领军人才。从学历结构看，截至 2021 年底，我国新型研发机构研发人员中有研究生（博士和硕士）学历的研发人员占比为 44.12%，具有本科学历的研发人员占比为 42.01%（如图 5-9 所示），具有本科及以上学历的研发人员占比较 2020 年提高了 1.83 个百分点。从职称结构看，拥有高级职称的人员占比为 18.87%，比 2020 年提高了 6.34 个百分点。从机构人才国际化水平情况看，截至 2021 年底，新型研发机构共吸纳留学归国研发人员和外籍常驻研发人员 6705 人，占全国新型研发机构从业人员的比例为 3.02%；其中，拥有留学归国研发人员和外籍常驻研发人员的新型研发机构共有 1017 家，占新型研发机构总数的 42.16%。

新型研发机构积极探索面向产业的应用研究类人才培养模式。截至 2021 年底，我国有 814 家新型研发机构开展了研究生人才培养工作，占全国新型研发机构总数的 33.75%；累计培养毕业研究生数量达 6.23 万人，另有在读研究生 1.4 万人。同时，新型研发机构在解决大学生就业问题方面也发挥了作用，如聘用大学生作为科研助理，培育后备人才。2021 年，我国共有 1297 家新型研发机构设置了科研助理岗位，岗位数量达到 9577 个，比 2020 年增长了 1081 个。

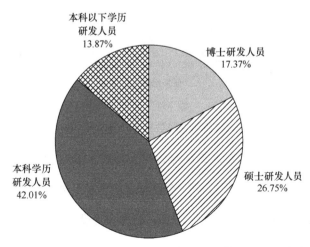

图 5-9　新型研发机构研发人员学历构成情况（2021 年）

2. 研发投入和平台条件状况较好

我国新型研发机构在 2021 年的研发经费支出较 2020 年有所回落，但仍保持较大规模。新型研发机构研发经费支出分布情况如图 5-10 所示。2021 年，我国新型研发机构研发经费支出总额为 650.02 亿元。其中研发经费内部支出额为 589.19 亿元，占研发经费支出总额的 90.64%。研发经费支出均值（平均每家新型研发机构的研发经费支出额）为 2567.41 万元，比 2020 年下降了 33.01%。研发经费支出在 500 万元及以上的新型研发机构有 1215 家，占比为 50.37%。

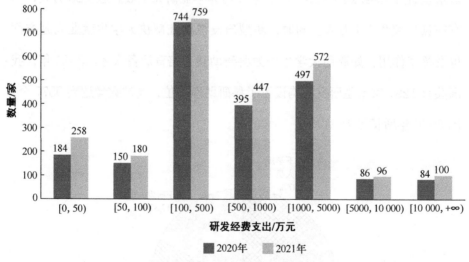

图 5-10 新型研发机构研发经费支出分布情况（2020—2021 年）

从研发经费投入力度看，2021 年，我国新型研发机构平均研发经费投入强度[3]为 35.96%，比 2020 年下降 6.63 个百分点；研发人员人均研发经费为 45.36 万元，比 2020 年减少 16.21 万元。其中，研发经费投入强度大于等于 80% 的新

③ 研发经费投入强度 = 研发经费支出总额 / 总收入。

型研发机构有 669 家（如图 5-11 所示），占我国新型研发机构总数的 27.74%。

新型研发机构的仪器设备条件进一步完善。截至 2021 年底，我国有 91.79% 的新型研发机构拥有单价万元以上的自有科研仪器设备。新型研发机构拥有的单价万元以上的自有科研仪器设备原值合计 756.99 亿元。如图 5-12 所示，拥有自有科研仪器设备原值合计在 500 万元及以上的新型研发机构有 1115 家，占比为 46.23%；拥有自有科研仪器设备原值合计在 1000 万元及以上的新型研发机构有 728 家，占比为 30.18%。

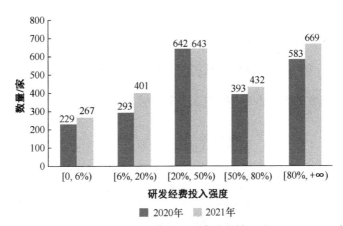

图 5-11 新型研发机构研发经费投入强度分布情况（2020—2021 年）

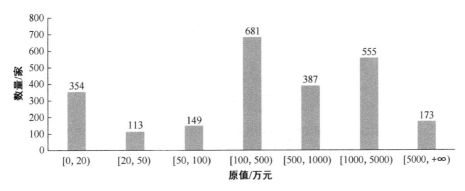

图 5-12 新型研发机构自有科研仪器设备原值分布情况（2021 年）

3. 科研活动活跃、科研产出丰富

2021 年，全国新型研发机构在研的科研项目总数实现增长，达 34 888 个，较 2020 年增长 1%；科研项目数量均值（平均每家新型研发机构在研的科研项目数量）为 14.46 个，比 2020 年减少了 1.67 个。2021 年，我国新型研发机构承担的科研项目中，基础研究项目数量为 4022 个，应用研究项目数量为 8210 个，产业技术开发项目数量为 8419 个，三者基本形成 1∶2∶2 的布局结构。我国新型研发机构承担的科研项目来源多样，包括政府以及企业、高等院校等的科研项目。其中，来自企业的科研项目占比最多。2021 年，新型研发机构共承担了 17 954 个企业科研项目，占当年承担的科研项目总数的 51.46%（如图 5-13 所示）。

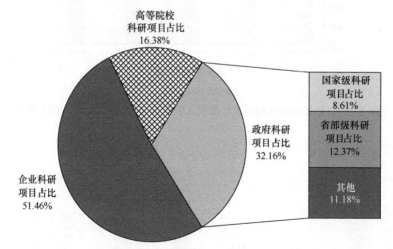

图 5-13　新型研发机构承担的科研项目来源构成情况（2021 年）

从新型研发机构承担政府科研项目的情况来看，在 2021 年新型研发机构承担的 11 220 个政府科研项目中，国家级和省部级科研项目数量为

7320 个，占政府科研项目总数的 65.24%，占全部科研项目总数的 20.98%；参与国家级和（或）省部级科研项目的新型研发机构有 1060 家，占比为 43.95%（如图 5-14 所示）。此外，还有 101 家新型研发机构（主要分布在江苏、广东两省）承担了 218 个国际合作科研项目。

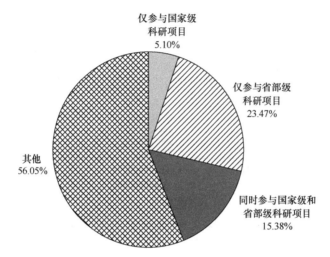

图 5-14　承担政府科研项目的新型研发机构数量情况（2021 年）

新型研发机构专利成果产出突出，专利授权量增长明显。2021 年有 1756 家（占比为 72.80%）新型研发机构获得专利授权，年度专利授权总量达 24 212 件，是 2020 年的 1.21 倍；年度专利授权量均值（平均每家新型研发机构年度专利授权量）达 10.04 件，比 2020 年增长 1.44 件。其中，如图 5-15 所示，发明专利授权量 13 008 件，是 2020 年的 1.63 倍，发明专利授权量占全国新型研发机构年度专利授权总量的 53.73%；欧美日专利授权量 245 件，是 2020 年的 1.22 倍，欧美日专利授权量占年度专利授权总量的 1.01%。截至 2021 年底，共有 1990 家（占比为 82.50%）新型研发机构拥有有效专利，共拥有有效专利数量 106 703 件（如图 5-16 所示），是

2020年的1.39倍。其中，有效发明专利数量47 243件，占有效专利数量的44.28%；境外授权发明专利数量2046件，占有效专利数量的1.92%。平均每家新型研发机构拥有有效专利数量44.24件，是2020年的1.23倍。

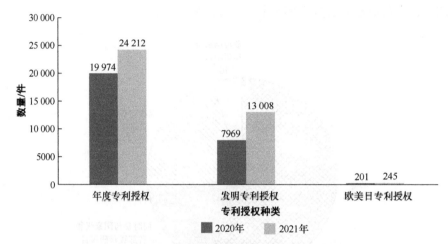

图5-15　新型研发机构专利授权情况（2020—2021年）

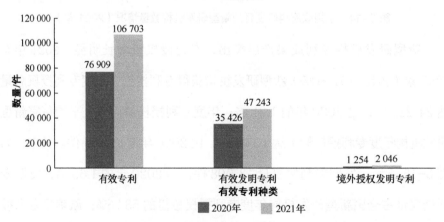

图5-16　新型研发机构拥有有效专利情况（2020—2021年）

截至2021年底，我国主导或参与形成国际、国家或行业标准的新型研发机构有569家，占新型研发机构总数的23.59%。如图5-17所示，主导

或参与形成国际标准的新型研发机构有 58 家，占全国新型研发机构总数的
2.40%；主导或参与形成国家标准的新型研发机构有 317 家，占全国新型研
发机构总数的 13.14%；主导或参与形成行业标准的新型研发机构有 420 家，
占全国新型研发机构总数的 17.41%。截至 2021 年底，我国新型研发机构累
计主导或参与形成国际标准 201 项，国家标准 2682 项，行业标准 4215 项
（如图 5-18 所示）。

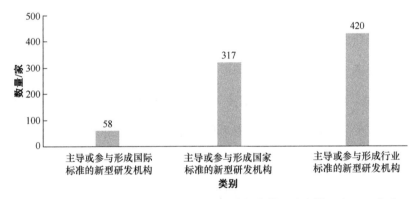

图 5-17　主导或参与形成标准的新型研发机构数量分布情况（2021 年）

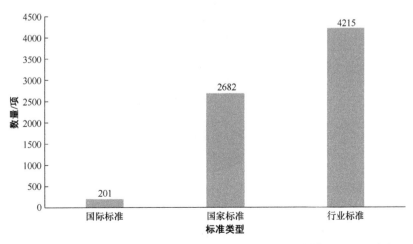

图 5-18　新型研发机构累计主导或参与形成的标准分布情况（2021 年）

2021年，有990家（占比为41.04%）新型研发机构发表了科技论文，共计16 176篇，平均每家新型研发机构年度发表科技论文6.71篇。

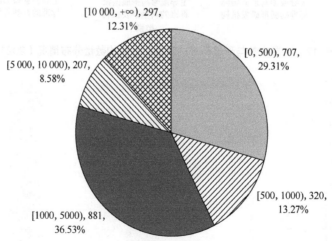

第三节　新型研发机构经营发展情况简析

1. 经营支撑条件良好

从机构注册资本（开办资金）的规模分布情况来看，我国新型研发机构的注册资本（开办资金）以1000万元及以上为主。如图5-19所示，截至2021年底，注册资本（开办资金）在1000万元及以上的新型研发机构有1385家，占新型研发机构总数的57.42%，较2020年增加169家。

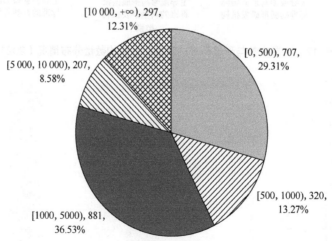

注：以“［500，1000），320，13.27%”为例，“［500，1000）”表示注册资本（开办资金）为500万元~1000万元（不含），“320”表示其对应的新型研发机构数量，“13.27%”表示占新型研发机构总数的比例。

图5-19　新型研发机构注册资本（开办资金）规模分布情况（2021年）

从办公场所面积来看，2021 年全国新型研发机构办公面积中位数为 3527.25 平方米（包括自有和租借），平均每家新型研发机构办公面积为 17 308.67 平方米，人均办公面积为 188.18 平方米。从拥有自有产权办公场所的机构数量来看，有 32.96%（795 家）的新型研发机构拥有自有产权办公场所。

2. 经营收入整体稳定

2021 年，受到国际经济形势影响，我国新型研发机构总收入为 1807.39 亿元，比 2020 年下降 6.13%，但总体表现出应对压力的韧性。从机构年度总收入规模来看，大部分机构的年度总收入在 5000 万元以下。年度总收入在 5000 万元以下的机构数量占全国新型研发机构总数的比例为 78.90%；年度总收入大于等于 5000 万元的新型研发机构为 509 家（如图 5-20 所示），占比为 21.10%。从机构年度总收入均值（平均每家新型研发机构年度总收入）看，2021 年，新型研发机构年度总收入均值为 7493.33 万元（年度总收入中位数为 1184.85 万元），较 2020 年下降 1503.54 万元。

在我国新型研发机构的年度总收入中，竞争性收入占一半以上。2021 年，我国新型研发机构竞争性收入为 1108.65 亿元，占总收入的比例为 61.34%。来自企业的收入是新型研发机构竞争性收入的重要来源。2021 年，全国新型研发机构年度总收入中来自企业的收入为 1064.81 亿元，占新型研发机构年度竞争性收入的 96.05%，占新型研发机构年度总收入的 58.91%（如图 5-21 所示）。

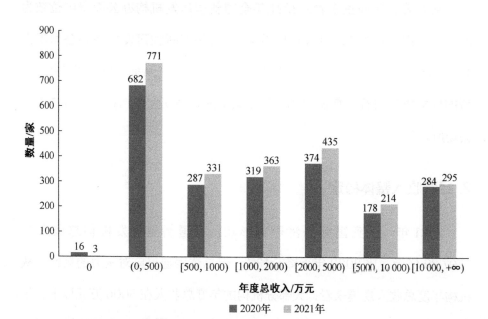

图 5-20　新型研发机构年度总收入规模分布情况（2020—2021 年）

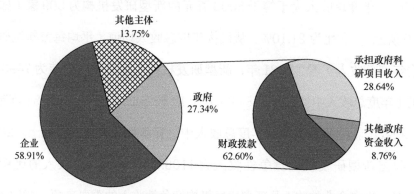

图 5-21　新型研发机构年度总收入来源构成情况（2021 年）

　　2021 年，全国新型研发机构技术性收入为 501.26 亿元，占新型研发机构年度总收入的 27.73%，占比较 2020 年提高了 3.52 个百分点。如图 5-22

所示，技术服务收入占比最高，占新型研发机构技术性收入的60.10%；其次为技术开发收入，占比为28.39%；技术转让收入和技术咨询收入的占比分别为9.66%和1.85%。

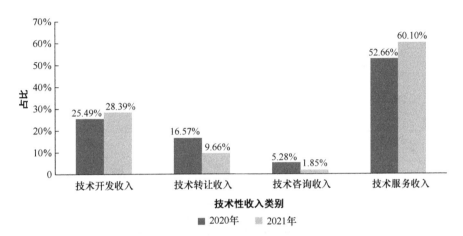

图 5-22　新型研发机构技术性收入构成情况（2020—2021年）

3. 盈利能力差异较大

2021年，全国新型研发机构年度总盈余为29.08亿元，有1179家新型研发机构实现正盈余，相比2020年增长了23家，占全国新型研发机构总数的48.88%。另有674家新型研发机构在2021年收不抵支，有559家新型研发机构年度盈余为0。这与我国大量新型研发机构处于建设起步期，还未探索形成有效的可持续发展运营模式有密切关系。

我国新型研发机构的年度盈余情况存在较大差距。2021年，全国新型研发机构中有340家新型研发机构正盈余大于等于500万元（如图5-23所示），与此同时，有203家新型研发机构亏损额大于500万元。

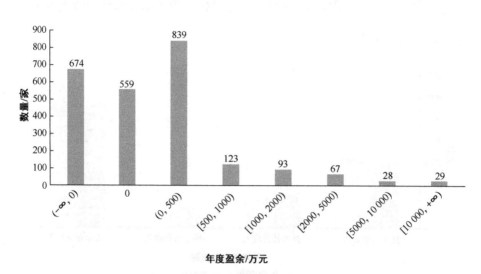

图5-23 新型研发机构年度盈余情况（2021年）

第四节 新型研发机构产业化活动简析

1.企业研发服务业务稳步开展

2021年，全国共有1604家新型研发机构面向企业提供了研发服务，年度共服务企业124 426家。对比2020年，新型研发机构年度服务企业数量增加了5425家（如图5-24所示）。其中，2021年有188家新型研发机构年度服务企业数量在100家及以上（如图5-25所示）。

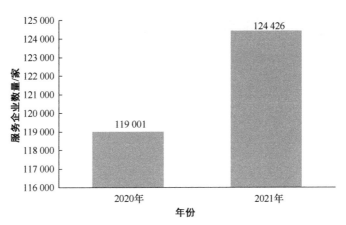

图 5-24 新型研发机构年度服务(研发服务)企业数量(2020—2021 年)

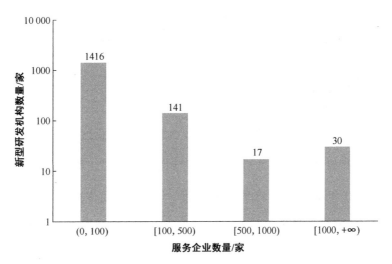

图 5-25 新型研发机构年度服务(研发服务)企业数量分布情况(2021 年)

　　截至 2021 年底,全国共有 1676 家新型研发机构面向企业开展了技术咨询、检测认证等研发服务活动,累计服务企业 42.46 万家。在提供服务的新型研发机构中,355 家新型研发机构累计服务企业达 100 家及以上(如图

5-26 所示），占服务企业的新型研发机构总数的 21.18%。

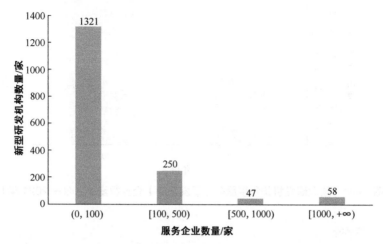

图 5-26　新型研发机构累积服务（研发服务）企业数量分布情况（2021 年）

2.科技成果转移转化持续推进

开展专利所有权转让及许可活动。2021 年，有 287 家新型研发机构开展专利所有权转让及许可活动，年度专利所有权转让及许可总量为 2333 件，较 2020 年减少了 138 件。专利所有权转让及许可收入增长较大。2021 年，新型研发机构当年专利所有权转让及许可收入为 19.32 亿元，占当年新型研发机构总收入的 1.07%，比 2020 年增加了 12.72 亿元（如图 5-27 所示）。

进行技术作价入股。如图 5-28 所示，2021 年有 144 家新型研发机构开展了技术作价入股活动，当年技术作价入股企业数量为 268 家；相比 2020 年，2021 年开展技术作价入股活动的新型研发机构数量减少了 40 家，当年技术作价入股企业数量增加了 14 家。从技术作价入股活动的累计情况看，截至 2021 年底，我国共有 211 家新型研发机构开展了技术作价入股活动，累计入股企业 876 家。

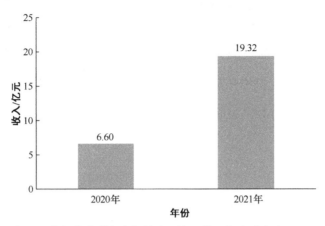

图 5-27 新型研发机构专利所有权转让及许可收入年度对比（2020—2021 年）

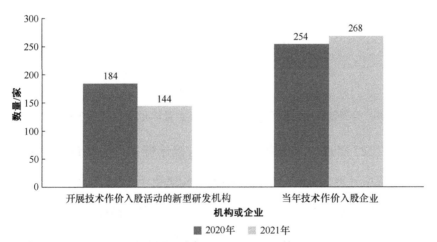

图 5-28 新型研发机构年度开展技术作价入股活动情况（2020—2021 年）

专利转化实施率。截至 2021 年底，新型研发机构拥有的发明专利中，已被实施转化的有 21 951 件，占新型研发机构拥有的有效发明专利总量的 46.46%，专利转化实施率比 2020 年提升了 7.25 个百分点。

3. 创业孵化服务实现有效拓展

新型研发机构创业孵化服务规模不断扩大。截至 2021 年底，累计有 1308 家新型研发机构开展创业孵化服务，占全国新型研发机构总数的 54.23%。对比 2020 年，新增了 248 家新型研发机构开展创业孵化服务（如图 5-29 所示）。

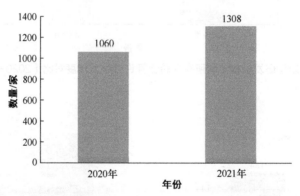

图 5-29　开展创业孵化服务的新型研发机构数量年度对比（2020—2021 年）

截至 2021 年底，全国新型研发机构累计孵化企业数量达到 22 492 家，平均每家开展创业孵化的新型研发机构孵化企业 17.2 家。被孵化企业中累计有上市企业 106 家、高新技术企业 2338 家、科技型中小企业 4243 家（如图 5-30 所示）。相比 2020 年，新型研发机构累计孵化企业数量增加了 2534 家。其中，深圳清华大学研究院累计孵化企业数量最多，为 3264 家。

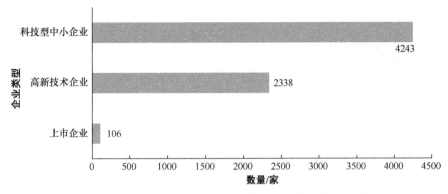

图5-30　新型研发机构孵化3类优质企业情况（2021年）

在孵化服务中，新型研发机构积极整合金融服务等资源，并发挥了重要作用。截至2021年底，全国135家新型研发机构（占全国新型研发机构总数的5.6%）建立了195只产业投资基金，产业投资基金目标总规模为478.42亿元，已认缴规模合计394.19亿元。上述产业投资基金累计投资92.1亿元，投资企业累计1450家。其中，2021年投资入股企业317家。

同时，新型研发机构借助产业联盟、行业协会等促进区域创新生态发展。截至2021年底，共有343家新型研发机构牵头成立了产业联盟或行业协会。其中，企业型新型研发机构247家，事业单位型新型研发机构71家，科技类民办非企业单位型新型研发机构25家。

第五节　新型研发机构的"新"内涵进一步凸显

由统计调查数据可知，近年来新型研发机构在改革探索中呈现出以下特征。

1.投入主体多元化

根据统计数据，我国新型研发机构的建设投入主体包含地方政府、高校院所、企业等。如图5-31所示，投入主体包含企业、高校院所两类主体的新型研发机构占全国新型研发机构总数的10.59%；投入主体包含地方政府、企业两类主体的新型研发机构占比为6.70%；投入主体包含地方政府、高校院所两类主体的新型研发机构占比为7.71%；投入主体包含地方政府、高校院所、企业三类主体的新型研发机构占比为2.32%。如图5-32所示，39.22%的新型研发机构的投入主体涉及两类，7.77%的新型研发机构的投入主体涉及三类及以上。地方政府、高校院所、企业等多元主体投入共建，为新型研发机构整合利用多方资源开展研发奠定了基础。

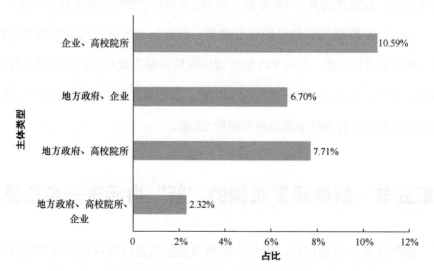

图5-31 新型研发机构的建设投入主体类型分布情况（2021年）

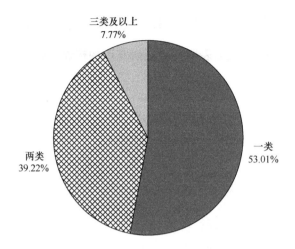

图 5-32 新型研发机构的建设投入主体涉及类型的构成情况（2021 年）

2. 管理制度现代化

截至 2021 年底，已建立理事会（董事会）决策机制的新型研发机构为 2067 家，占新型研发机构总数的 85.70%，较 2020 年增长了 9.13%。如图 5-33 所示，建立董事会决策机制的新型研发机构（1601 家）占新型研发机构总数的 66.38%；建立理事会决策机制的新型研发机构（466 家）占新型研发机构总数的 19.32%。理事会（董事会）决策机制为新型研发机构独立决策、面向产业和市场开展运营奠定了基础。

3. 运行机制市场化

我国新型研发机构积极探索市场化运行机制，在通过市场化机制为企业提供研发服务并获取长期收入方面进行了探索。如图 5-34 所示，2021 年，新型研发机构获得的竞争性收入为 1108.65 亿元，占新型研发机构总收入的

61.34%；来自企业的收入为 1064.81 亿元，占新型研发机构总收入的比例超过一半（58.91%）。数据表明，新型研发机构构建了较好的面向产业和市场的运行机制。

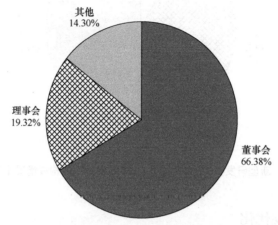

图 5-33　新型研发机构决策机制构成情况（2021 年）

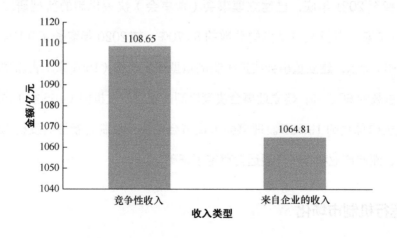

图 5-34　新型研发机构的竞争性收入和来自企业的收入情况（2021 年）

4.用人机制灵活化

新型研发机构在引人才、用人才和激励人才等方面积极开展探索，不断加强人才队伍建设。在人才引进和使用方面，根据统计数据，2021年我国有54.85%（1323家）的新型研发机构采用了柔性引人用人机制，数量较2020年（1241家）增长了6.61%。2021年新型研发机构的外聘流动研发人员数量达到17 505人，占全国新型研发机构从业人员总数的7.89%。在人才评价和激励方面，新型研发机构积极探索有效激励机制。例如，先研院以创新与贡献为导向，打造灵活的人才评价制度、考核制度，完善管理晋升体系；深圳清华大学研究院探索了无事业编制、全员聘用的用人机制，形成了研发团队分享技术股权、管理团队合法持有股权的激励机制。

5.创新生态体系化

截至2021年底，我国新型研发机构中开展基础研究、应用基础研究、产业技术研发、科技成果转化、科技创业孵化和提供其他研发服务的机构数量分别为693家、1677家、988家、1748家、1308家和861家。其中，同时开展这几项服务的机构数量为590家，占我国新型研发机构总数的24.46%。这说明我国新型研发机构围绕创新链积极开展多元业务布局，有效推动了科技与经济融合。

第六章

示范引领：

国内新型研发机构的

典型案例

历经多年，新型研发机构在国内蓬勃发展，涌现出深圳清华大学研究院、江苏省产业技术研究院、北京协同创新研究院等一批新型研发机构，它们在管理运营模式上先行先试、大胆创新，引领了国内新型研发机构的探索和发展。

第一节　探索先行者：深圳清华大学研究院

深圳清华大学研究院（以下简称“深清院”）是全国第一家由地方政府与高等院校合作建立的新型研发机构，开创了我国多途径探索产学研结合方式的新局面，推动创新链、产业链、资金链、人才链深度融合，自 1996 年成立至今，已推动孵化超过 3000 家科技创新企业，培育超过 30 家上市企业。

1. 开创新型研发机构“四不像”模式

20 世纪 90 年代初期，原本支撑深圳经济发展的加工贸易业出现严重滑坡，深圳市开启了“二次创业”，市委、市政府提出重点发展高新技术产业和推动技术进步。但当时深圳的技术和人才十分匮乏，并已成为产业转型升级的掣肘，亟须注入科技资源。同期，清华大学每年产出大量技术领先的科研成果和国家专利，另外，清华大学获教育部批准开展异地办学。借此机会，清华大学调整发展思路，确定广东、山东等地为科技成果转化的重点区域，并首选深圳考察异地办学情况。为将高校院所科技力量植入区域创新体系，在高校和企业之间、科研成果和市场产品之间整合资源、架设桥梁，本着优势互补的原则，1996 年 12 月 21 日，深圳与清华大学合作，正式成立深清院，确定了深清院"从事高科技成果的开发与转化等应用性研究，协助企业进行技术改造，培育高层次的科技和管理人才（主要为本科后教育）"的职能定位，提出了"推出一大批拥有自主知识产权、面向市场的科技成果，加速科技成果的转化，培育高科技创业企业，培养高层次人才"4 个主要目标，并逐步形成了独特的"四不像"模式。

深清院成立后，作为以企业化方式运作的正局级事业单位，实行理事会领导下的院长负责制，仅拥有 20 个编制和 3 年事业津贴，3 年后要完全走向市场。自建院以来，深清院围绕自身发展目标，在运营模式、管理体制机制等方面积极开展创新探索，首次提出了"四不像"理论及模式，建立完善了"科技创新孵化体系"，创造了"五个第一"，并取得显著成效。1999 年 8 月，深清院创办了一个完全市场化、产业化的公司平台——深圳清华科技开发有限公司（力合科创前身），该平台作为第一家新型研发机构的创业投资公司，开始对高科技企业进行风险投资，以解决成果转化的资金问题。2001 年 7 月，深清院第一家创新基地——清华科技园（珠海）正式运营，建筑面积为 15.18 万平方米，助力企业从初创阶段进入到快速成长阶段。2010 年 1 月，深清院于美国硅谷设立了北美中心。该中心作为第一家新型研发机构的国外创新创业中心，促进了科技创新要素的跨境流通，使深清院加速融入全球创新网络。2013 年 3 月，深清院及力合科创引领多家民营企业，共同组建深圳力合金融控股股份有限公司。该公司作为第一家新型研发机构的科技金融平台，参照美国"硅谷银行"发展模式，为科技创新企业提供一体化的科技金融服务。2019 年 12 月，力合科创通过重大资产重组成功登陆资本市场，以科技创新服务为主业，与深清院共同推动创新链和产业链的深度融合。

2. 构建层次分明的研究院组织架构

深清院实行理事会领导下的院长负责制，院务委员会作为日常工作机构对理事会负责，院内设 5 个管理支撑部门，组织架构呈现矩阵式（如图 6-1 所示）。这种模式不仅能够快速响应科学技术的创新需求，通过整合创新要素资源（人才、技术、资金、载体），发挥创新主体的快速协同作用，还能有效实现市场资源和科创资源的衔接与整合，最大限度地发挥新型研发机构的优势。

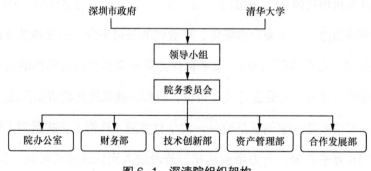

图 6-1 深清院组织架构

理事会是深清院的最高决策机构。理事会理事由共建双方推荐，并由双方各自委派一人分别担任理事长和副理事长，定期召开会议，主要负责"三重一大"事项的决策。

院务委员会是深清院的日常工作机构，负责落实理事会的规划和决策以及管理深清院的日常工作。管理支撑部门把创造良好的科研环境、保障科研团队获得最优质的服务作为首要目标。各个研发单元是深清院进行科学研究、开展科学实验的基本单位，自主开展工作，不具有法人资格，但可以进行独立核算。

院内还设有科技产业咨询委员会，其依托清华大学的学科优势、深清院的应用研发和产业资源，组建由国内外著名专家学者组成的领域专家库，主要在技术的概念验证、中试工程化、产业化和人才引进、重大项目合作等方面提供专业建议。

3. 形成开放链接和服务产业的内驱力

深清院的核心使命是为深圳产业发展植入创新基因和增加科技源头供给。为实现这种"混成"的系统功能，深清院经过20多年的深入分析与钻研，探索出产学研深度融合的科技成果转化模式，打造出高效立体的孵化体系。深清院现有概念验证、中试工程化、人才支撑、科技金融、孵化服务、国际合作等六大功能板块，聚集了技术、人才、资金、载体四大要素，逐步形成了产学研深度融合的科技创新孵化体系（如图6-2所示）。

深清院首创了"四不像"创新体制，采取事业单位企业化运作模式，具有相对灵活的人财物自主权，以及鲜明的产学研结合导向。通过构建市场化机制，实现全员聘用，自收自支，自负盈亏，滚动发展，在充分保证事业单位运营合法合规性的基础上，显著提升单位运作效率，降低管理成本。

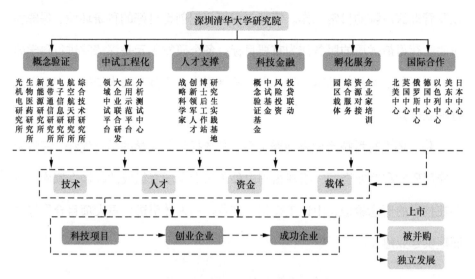

图 6-2　深清院产学研深度融合的科技创新孵化体系

用人机制。一方面，深清院突破了事业单位编制限制，没有“铁饭碗”，用市场化的薪酬水平吸引国内外高端创新人才，不仅提高了人力资源的配置效率，还为激发人才创新创业活力提供了重要保障。另一方面，深清院致力于构建“以人为本”的人才激励机制，坚持“体制机制向人倾斜，而不是向制度倾斜”的理念，给予人才充分的科研自主权，通过职能部门提供专业化辅助服务，使科研人员充分感受到人文关怀以及从不必要的事务性工作中解放出来，全身心投入科研；深清院还坚持“研发团队分享技术股权，管理团队合法持有股权”，在成果转化过程中，70% 以上的职务成果转化收益归个人所有，这充分调动了科研人员研发的积极性，使其名利双收。

项目投入机制。技术专家、投融资专家共同参与项目投入，发明人、责任人带头投入，通过“利益捆绑”激发各方动力。

业务单元设立机制。深清院面向新一代信息技术、新材料、节能环保等战略性新兴产业领域，设立了 150 多个研发单元，仅 2022 年一年便新建了 33 个研发单元。研发单元设立时，同步组建产业化公司，把市场作为配置创新资源的关键要素，成果由市场效益衡量。

研发单元退出机制。研发单元落地后，需开展应用研发和成果转化活动，主动寻找产业化方向，积极参与纵向科研活动和横向合作，自负盈亏。深清院以合规运行监测和研发活动（开展阶段）评价为两个抓手，对研发单元进行全周期动态评价，并按规定对不符合要求的研发单元予以暂停运行、关闭运行的处理，以实现研发平台的滚动发展。

4. 实现自我造血与创新赋能协同

深清院无财政拨款收入，主要通过"竞争性课题 + 央企联合研发平台 + 一般性企业合作 + 一事一议重大项目"等渠道获取科研经费。

在竞争性课题经费的获取方面，深清院在成立初期，主要通过申请政府科研项目经费和承接中小企业横向项目确保科研投入。

自 2017 年开始，基于中央管理企业（以下简称"央企"）建设具有全球竞争力的世界一流企业的愿景，以及这些企业在关键领域面临的重大创新需求，深清院启动了与大型央企合作的战略。截至 2023 年 9 月，与深清院开展实质性产学研合作的大型央企、国企已达 11 家，大企业联合研究院、研究中心设立的项目进展显著，新项目持续设立，双方面向国家重大需求携手开展应用研发和成果转化。同时，通过紧密跟进地方科技计划体系，深清院持续争取政府支持，建设重大平台和承接重点攻关项目。

在实现自我造血、可持续发展的同时，深清院在赋能区域科技创新方面也发挥了很大的作用。在科学研究和技术开发方面，成立了面向战略性新兴产业的 150 多个研发单元，着力为国家解决重大关键领域"卡脖子"问题，获得国家技术发明奖二等奖 1 项、国家科学技术进步奖二等奖 2 项、广东省科技进步奖特等奖 1 项，申请专利 600 余项。在成果转化和企业服务方面，深清院为科技企业提供了"一揽子"科技金融和孵化服务支持，加速科技产品走向市场，累计孵化科技创新企业 3000 多家，培育上市企业 30 多家，投资企业近 500 家。在人才培养方面，深清院迄今累计培养博士后超百名，90% 博士后出站人员选择留在深圳高校和企业继续工作。多名优秀博士后留院工作，借助深清院这一平台，牵头课题，开启创业，组建产业化公司。

第二节　科技体制改革"试验田"：江苏省产业技术研究院

　　江苏省产业技术研究院（以下简称"江苏产研院"）成立于 2013 年 12 月，是经江苏省政府批准成立的新型科研组织。2014 年 12 月，习近平总书记视察江苏产研院，提出"四个对接"，即"强化科技同经济对接、创新成果同产业对接、创新项目同现实生产力对接、研发人员创新劳动同其利益收入对接"。江苏产研院以建设成为世界一流水平研发机构为发展目标，以深化体制机制改革为根本动力，聚焦构建引领产业发展协同开放的技术创新体系、营造面向产业创新需求协同高效的生态系统、提高对江苏产业高质量发展贡献度和建设具有集萃特色的现代科研机构治理体系 4 个战略方向，聚焦科技创新与产业创新跨区域协同和创新资源要素的优化配置，将自身作为中间一环，使科研成果与市场需求相结合，建设了一个以市场机制为导向的产业应用技术开发体系，成功闯出一条从科技到产业的新路，成为江苏省创新体系的重要组成部分。

1. 一院 + 一公司

一院即江苏产研院总院，是江苏省政府批准设立的、具有事业单位法人资格的新型科研机构，主要开展产业技术战略研究、创新资源集聚、专业研究所建设与服务、重大产业共性技术攻关等。江苏省出台了《江苏省产业技术研究院管理暂行办法》，用政策形式固化对江苏产研院的建设支持。江苏省政府设立江苏产研院理事会，并负责对其管理。在江苏产研院的理事会架构中，由分管副省长任理事长，省政府分管副秘书长任副理事长，省有关部门、研究院、省相关龙头企业和金融机构负责人任理事会成员，负责科技创新考核，包括推动机制创新、审定年度工作目标和预算、绩效考核等。

一公司即由江苏产研院 100% 出资设立的有限公司，功能定位是配合江苏产研院的战略目标，围绕江苏产研院建设研发载体、引进创新资源的核心使命，主要开展以下三个方面的股权投资业务：一是参股江苏产研院建设的研究所运营公司和致力于解决行业颠覆性、前瞻性或解决"卡脖子"难题的重大项目公司，按照市场化逻辑参与公司治理，同时作为财政资金权益转化的主体；二是参股由江苏产研院的研发机构和专业基金管理公司联合发起的细分领域早期创投基金，构建集公共研发平台、专业孵化器、天使投资基金"三位一体"的创新微生态；三是通过海外全资子公司参股海外平台，以资本为纽带引进各类创新资源。目前，江苏产研院共参股 63 个研究所运营公司和 60 个重大项目公司；参与组建 15 只专业化基金，基金总规模达 23 亿元，涉及汽车、激光、半导体及集成电路、碳纤维及复合材料、高端装备、智能制造等多个方向；参与建设 7 个海外平台。

2. 创新体系 + 创新生态

构建产业技术创新体系。在研发载体端，江苏产研院布局建设一批高水平专业研究所。专业研究所主要是江苏产研院为根植地方产业、集成各市区政府支持而成立的研发单元。专业研究所有两种设立方式，方式一为引进团队新建设的专业研究所，实行"多方共建、多元投入、混合所有、团队为主"的运营模式；方式二为加盟，将江苏优质的高校或中国科学院系统与地方共建的产学研载体纳入江苏产研院体系，并按新模式改制，建设团队享有大部分成果转化收益的激励机制，有效地调动了科研人员的积极性、创造性。截至 2023 年底，已建设研发载体 77 家，拥有研发人员超过 12 000 人，衍生孵化了近 1400 家科技企业，面向市场转移转化技术成果 7000 多项，服务企业累计超过 20 000 家。江苏产研院推进长三角先进材料研究院、集成电路应用技术创新中心、长三角太阳能光伏技术创新中心、江苏船舶与海洋工程装备技术创新中心、长三角碳纤维及复合材料技术创新中心以及长三角光电材料技术创新中心等集成创新平台建设，实施了一批重大项目。已认定江苏省研发型企业 106 家，稳步推进研发型企业成长壮大。在创新资源端，江苏产研院瞄准国际科技创新高地与顶级高校院所，建立以江苏产研院为中心、海外代表处为节点的全球创新资源网络，甄选顶尖人才和重大项目，目前已与 80 多家海外知名高校（机构）和 100 多家国内一流高校（机构）建立战略合作伙伴关系。在产业需求端，江苏产研院与省内细分行业龙头企业共建企业联合创新中心。企业联合创新中心主要支持企业开展产业技术战略研究和制定技术路线图，征集提炼企业愿意出资解决的关键技术需求，江苏产研院利用创新网络对接全球创新资源，寻找解决方案。截至 2023 年底，累计建设 319 家企业联合创新中心，累计征集技术需求 1700 余项，企业意向出资金额超过 65 亿元，达成技术合作 600 余项，合同金额近 18 亿元。

营造产业创新生态。江苏产研院从人才、金融和空间 3 个方面营造促进产业技术研发与转化的创新生态。人才生态方面，构建由战略科技人才（顶尖人才）、领军人才（项目经理）、骨干研发人员（集萃研究员）和博士后（集萃研究生）等组成的人才体系。截至 2023 年底，已累计聘请 289 名项目经理，引进 221 名集萃研究员，联合培养研究生 5000 多名。金融生态方面，采用支持设立早期创投基金等方式，通过江苏省产业技术研究院有限公司，撬动社会资本，围绕创新链部署资金链，构建有利于研发产业发展的金融生态。空间生态方面，着力打造标杆性创新综合体。在南京，依托江苏产研院南京江北新区本部，建设了 10 万平方米的研发产业园区，已有多家机构入驻；在苏州相城，共建长三角国际研发社区，启动区建设面积为 35 万平方米，截至 2023 年底，已有 30 多家机构入驻。依托上述两个园区，积极打造促进创新资源高度集聚与深度融合的物理空间。

3. 改革举措

深耕科技体制改革"试验田"。江苏产研院探索形成了以下改革举措：

"一所两制"、"合同科研"、项目经理制度、团队控股、股权激励、拨投结合、三位一体、集萃大学等。由江苏产研院提出的"新型研发机构科教融合培养产业创新人才"和"以先投后股方式支持科技成果转化"两项改革举措入选国家发展改革委、科技部 2021 年度全面创新改革任务揭榜清单。国务院发展研究中心综合评估后，认为江苏产研院"总体上出色地完成了领导小组和理事会提出的为江苏产业转型升级和未来产业发展持续提供技术支撑的任务要求""探索出了一条特色鲜明、创新显著、值得借鉴推广的有效路径"。

"一所两制"。"一所两制"为科研人员享受收益"松绑"，这种研究所管理制度是江苏产研院提出的。研究所同时拥有两类人员，一类是在高校院所运行机制下开展创新研究的人员，另一类是独立法人实体聘用的专职从事二次开发和技术转移的研究人员。"一所两制"兼顾了高水平创新研究人员与高效率技术转移人员，体制内的科研人员在保留原单位身份和工资的同时，在研究所还可以获得与贡献相匹配的收入。研究所作为独立法人，可以确保科研成果的权属清晰，保障科研成果使用权、处置权和收益权的独立性、自主性。同时，深化股权激励机制，鼓励以股权、出资或者期权等多种方式，让科研人员分享技术的产业化带来的收益。"一所两制"举措的实施，特别是独立法人实体的建设，充分调动了地方和企业的积极性，大大促进了高校院所科研人员产出的创新成果向市场的转化，同时也对高校院所体制机制改革，特别是教师评价考核机制的改革起到了推动作用。

"合同科研"。江苏产研院开创性地探索出了"合同科研"的实施方案，充分借助市场进行创新资源的配置，优化财政资金的分配方式，提高财政资金的使用效率。"合同科研"不再按照传统资金拨付形式对项目进行支持，而是通过市场化的机制，把研究所向市场提供技术转让、技术投资、技术服务等所产生的收益作为指标，决定研究所绩效评价结果和财政资金支持额度，引导研究所建立技术创新的市场导向机制。2023年，江苏产研院各研究所的"合同科研"到账总额超22亿元。江苏产研院对研究所的考核结果基于研究所的"合同科研"绩效、纵向科研绩效、衍生孵化企业绩效等综合计算得出。

项目经理制度。江苏产研院在全球范围遴选国际一流领军人才担任项目经理，赋予组建研发团队、决定技术路线、支配使用经费的充分自主权。项目经理牵头完成产业技术发展战略研究和市场调研，整合创新资源，组建研发及管理团队，与地方园区对接共建专业研究所或实施有广泛市场前景的技术创新项目。自2015年起至2023年底，共聘请289位领军人才担任项目经理，其中包括国内外院士20余人；以才引才，由项目经理集聚超过1000位高层次人才。基于项目经理制度，江苏产研院落地专业研究所48家，实施重大项目70项。

团队控股。江苏产研院采取"团队控股、轻资产运行"公司制建设专业研究所，研发团队、地方园区和江苏产研院以现金实缴方式共同组建"团队控股"的研究所运营公司，场所设备和研发经费由园区和江苏产研院提供。在该模式下，固定资产归国家所有，但科技成果的使用权、处置权和收益权下放至运营公司，旨在明确科技成果转化中的决策权归属，最大限度地激发团队工作的积极性。多家依托高校建设的专业研究所也按新模式主动改制，新模式同时也推动了国有企业、民营企业和央企研究所的改制。

股权激励。鼓励研究所以股权、出资或期权等方式，让科技人员和管理人员更多分享技术创新升值所带来的收益，有效地调动了团队积极性。同

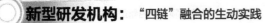

时，在激励中合理约束。以股权为纽带，鼓励科研人员现金持股，保证足够的正面激励，同时，科研人员也面临失败所带来的时间成本和金钱损失，这也是对科研人员的反向约束。激励与约束协同发力，实现科研人员"不用扬鞭自奋蹄"，产生最强劲、最持久的内在动力。

拨投结合。在项目进行市场化股权融资时，将用于项目研发的财政资金转化为相应的股权投资，从而获得收益。针对有前瞻性、引领性和颠覆性的技术创新项目，江苏产研院在立项前探索实行同行尽调评估模式，请团队列出评审专家真正小同行名单，了解团队在业界的影响力和实力；基于项目经理制度和充分尽职调查，以科技项目立项方式，发挥财政资金在项目中的引导和扶持作用，承担项目研发风险，让团队专心开展研发攻关；在项目进展到市场认可的技术里程碑阶段时进行市场融资，将前期的项目资金按市场价格转化为投资资金，参照市场化方式进行管理和退出。截至 2023 年底，江苏产研院以拨投结合的方式，累计实施了氮化镓外延片、航空发动机单晶叶片等 80 项产业前瞻性技术创新项目。

第三节　全球化协同创新组织：北京协同创新研究院

为落实习近平总书记关于北京国际科技创新中心建设的重要批示精神，2014 年，北京市组织北京大学、清华大学等 13 所大学联合创建北京协同创新研究院（以下简称"协同院"），并先后在美国、英国等地设立分院，与 20 多所全球顶尖大学联合构建大学前沿探索、中心技术加速、企业产业演进的一体化创新链，形成从科学向技术转化的系统性能力，加速成果转化。2020 年 5 月 29 日，科技部批准以协同院为主体组建京津冀国家技术创新中心（以下简称"中心"）。该中心成为我国第一个综合类国家技术创新中心，致力于建设国家战略科技力量，为加快国际科技创新中心建设、促进京津冀协同发展发挥重大战略支撑作用，形成支撑创新型国家建设、提升国家科技创新能力和核心竞争力的关键一极，成为全球创新事业的重要节点。协同院构建全球化协同创新体系，研发前瞻性技术、加速颠覆性创新、培育战略性产业、培养创新型人才、引领高质量发展，形成了大学"育种"、中心"育苗"、企业"育材"、区域"成林"的"有核无边"的协同创新格局。

1. 推动研发、产业、人才"三位一体"协同

协同院围绕建设成为国家创新体系的战略节点、高质量发展重大动力源的战略目标，打造全球化技术研发、产业培育、人才培养"三位一体"的协同创新体系，加速重大基础研究成果产业化。

在技术研发方面，协同院主要推动开展前沿研究和技术加速。在前沿研究方面，协同院依托北京大学、清华大学等共建大学，与斯坦福大学、密歇根大学等世界名校组建前沿实验室，聚集世界一流科学家，及时根据前沿科学最新进展布局具有引领性的前沿技术攻关项目，以抢占未来创新制高点。在技术加速方面，协同院基于"专业研究所—协同创新中心—创新基金"三元耦合机制进行创新接力和加速。自建的专业研究所（院）与大学联合提出有产业化潜力的前瞻性、颠覆性项目建议，按产业领域组建的协同创新中心

对项目进行评估，创新基金针对项目进行市场化决策和领投，政府为项目自动配套资助。专业研究所（院）的专职工程技术人员根据任务需要，与大学教授组成多专业联合攻关团队，接力中试和产业化。

在产业培育方面，通过"我创新你创业计划"，协同院面向社会公开招募高水平运营团队，各团队以成果入股，共同组建创业企业，培育产业新生力量；通过"中小企业协同创新工程"，协同院将成果以技术增资或许可的形式注入已有企业，优化其技术基因并推动其发展；通过"龙头企业整合创新工程"，协同院与京东方、中煤集团等龙头企业联合攻关全产业链关键技术和实施产业化，培育产业集群。截至2022年底，协同院与国内外大学联合实施前瞻性项目208项（约50%来自国外），其中约10%为世界首创或领先项目；培育硬科技企业105家，其中上市企业9家，实现了较好的创新加速效应，国际影响力持续提升。

在人才培养方面，形成人才共享机制。一是聘请共建大学著名科学家任研究所（院）首席科学家，保证学术高度和影响力，同时由专职科研人员任所长（院长），负责日常运营发展。二是各直属研究所与学科实力突出的大学联合聘用实验室学术带头人，各支付带头人一定比例的工资，大学适当减少带头人工作量，保证协同院学术方向及能力始终与国际前沿相适应。三是与共建大学建立专职工程技术人员联聘机制，即大学给予协同院一些编制，联合选拔年轻工程技术人才，保留人才在大学的身份，但这些人才全职在协同院工作，实现成果共享，培养引领未来的工程技术领军人才。四是大力推行"项目＋人才"模式，即将海内外项目合作教授团队的博士及博士后引进协同院，接续进行技术攻关及产业化。五是加强人员流动，推动共建大学教授在协同院兼职，推动协同院的优秀科研人员在大学担任工程硕士生、工程博士生的导师等；支持各类人员根据项目需要进行短期或长期流转，形成"旋转门"用人机制，确保项目可持续发展。

2. 打造科技成果转化体制机制创新的"助推器"

建立专业化资源配置机制。让"专家之眼"在前沿技术研究中发挥决定性作用。充分发挥顶尖科学家的专业优势，组建国际协同实验室，快速决策早期项目，较好地适应科技创新的规律性、偶然性、突发性，产生了多项世界首创的颠覆性技术和一批世界领先的成果。让"市场之手"在工程技术研究中发挥决定性作用。协同院成员及相关单位共同出资设立知识产权基金，以市场化的方式决策及领投工程技术项目，并根据出资比例分享基金投资权益，实现责任利益一体化，从机制上保证了市场配置资源的效果和高效协同，从根本上破除了科技与经济"两张皮"困境。财政专项经费方面，在基金投入的前提下自动配套无偿资助，分担风险，从机制上扭转了不公正现象。

建立动态调整项目实施机制。项目实施中不僵化地执行原有实施方案，以目标更高、速度更快、转化更早、应用更好为原则，持续优化方案和调整团队。按照关键节点对项目实施情况进行检查，检查通过后拨付后续经费，未通过便终止拨付。鼓励团队根据最新研究进展和外部变化及时调整后续攻关计划，确保项目研发目标不偏离和始终具有竞争优势。对有价值的项目持续滚动支持，引入资源，加强赋能。

创新颠覆性技术创新项目组织模式。鉴于协同院初步形成了全球化布局、开放式发现、逻辑式评价、滚动式支持、接力式加速等颠覆性技术创新运行机制和一支高水平项目管理运营团队，2022年，科技部部署了由协同院组织实施的国家重点研发计划“颠覆性技术创新重点专项”，致力于研发引领未来和突破“卡脖子”难题的核心技术。协同院与全国优秀项目组织单位、一流大学等组成了颠覆性技术创新网络，多渠道、开放式地发现潜在颠覆性技术创新项目，协同院进行集中评价和择优推荐，立项后持续跟踪服务、动态优化，取得阶段性进展后滚动支持。2022年，通过对全国各渠道申报的5000多个项目进行筛选、辅导、调研、论证、评审，协同院向科技部推荐了21个项目，约2/3为国际首创或领先项目，约1/3为解决“卡脖子”问题的技术项目，项目得到科技部的高度评价。预计未来每年将新增项目50～100个，加快形成引领带动效应。

深化产学研融合机制。在创新实践中，协同院建立了独特的“双课堂、双导师、双身份、双考核”的创新人才“四双”培养模式，与国内外一流大学联合培养了400多名研究生。学生在大学学习专业理论课，在协同院学习创新创业课和以真实项目为基础组队进行创新创业训练，大学学术导师、协同院创新导师联合指导，学生可参照全职人员标准获取报酬并分享成果转化收益，在理论成绩与实战效果达标后获得学位证书，毕业后持续参与项目，延续技术血脉，强化技术传承，加速技术演化，提高转化成功率。2022年实施的国家卓越工程师计划采取“理论＋实战”模式培养知行合一的工程博士，香港大学、香港科技大学等主动加入，计划未来每年招收博士生约50名。

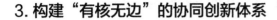

3. 构建"有核无边"的协同创新体系

协同院通过体制机制创新，构建了"有核无边"的全球化协同创新体系，形成了由科学向技术转化的系统能力，具有积极的示范意义。

耦合化布局，打造京津冀协同创新共同体。中心结合京津冀三地实际，打造创新链和产业链耦合的京津冀协同创新共同体。协同院以北京为重点，以天津及河北为补充，从"专业"维度建设研究平台，与全球一流大学联合构建科学技术一体化创新链，研发前瞻性技术，培育高精尖产业，培养创新型人才。同时，协同院与区域龙头企业联合，从"产业"维度建设中心，将中心的技术融入产业链，并通过颠覆性机制持续发现和利用全球化创新链持续攻关全产业链核心技术，接续转化和应用，培育创新型领军企业。目前，已启动了一批平台，实施了一批项目，"能力集中、能量辐射"的京津冀协同创新模式逐步形成。

建立共生式国际合作模式。通过广泛的国际合作，增强了高水平基础研究成果源头供给能力。中心在国际合作中走公开透明的"大道"，坚持"法人对法人签署合作协议"，明确约定合作内容及各自的权利义务，既不是简单引进现成技术，也不是单纯地挖人才，而是共同规划、超前布局、联合研发，由此聚集和产生了丰富的高水平成果，有效地把大学学术发展的核心诉求和自身技术创新的核心愿望紧密结合起来，形成了"以信任为前提、以规则为基础、以共生为导向"的开放包容、互惠共享的国际科技合作模式，成为全球为数不多的与一批世界顶尖大学建立知识产权共享机制的单位，从而实现用世界智慧建一流中心。

第四节 光电子创新微生态组织：
陕西光电子先导院

陕西光电子先导院（以下简称"先导院"）成立于 2015 年 10 月，是中国科学院西安光学精密机械研究所（以下简称"西安光机所"）联合地方政府、高校院所及企业共同发起成立的国内首家政产学研金服用相结合的光电子集成电路先导技术研究院有限责任公司。先导院以光电子集成为发展方向，集该领域科技资源统筹、战略智库规划、国际前沿产业化技术研究、高端创新创业人才引进、创业投资与孵化于一体。公司股东层面覆盖了政产学研金服用等各单位。

1."国有搭台，民营唱戏"的协同组织模式

先导院协同各类优势资源，形成合力，同频共振，营造了一个开放、协同、灵活的创新机制和生态，赋能整个光电子行业的发展。

先导院组织运行的关键是较早地在国内打造了一个混合所有制的共性技术平台。先导院改变以往由科研院所或企业等单个主体打造共性技术平台或研发工艺线的方式，充分发动政产学研各方力量参与。先导院发起单位中，既有陕西省科技厅、西安高新区等政府单位，也有西安光机所、西安电子科技大学、西安邮电大学等科研机构和高校，还有西安中科光机投资控股有限公司、西安中科创星科技孵化器有限公司等企业和科技服务机构。这种体制上的创新，从源头上深度融合了政产学研各方力量，更重要的是从源头上

打破了各类创新主体之间的门槛和壁垒，推动各类创新资源有效流通和优化配置。在此种模式下，政府的产业规划、政策资源，科研院所及高校科研成果、仪器设备、实验环境优势，创业团队的创新意识、灵活的激励机制、创新效率的优势以及产业界的市场化需求、工艺能力，创业服务机构的服务优势、资本优势等，都汇聚在先导院这个平台之上，政产学研及产业链上下游等在此平台上实现了协同攻关。

2. 公共平台 + 专项基金 + 专业服务

在构建生态的基础上，先导院围绕关键核心技术攻关和创业企业核心需求，打造了"公共平台 + 专项基金 + 专业服务"的服务模式。先导院公共平台拥有近 3000 套设备，且配备了 1 万平方米的千级、万级、十万级洁净厂房。先导院具备 4 英寸（1 英寸 = 2.54 厘米）、6 英寸 VCSEL（垂直腔表面发射激光器）芯片研发生产能力，生产线可支撑清洗、光刻、刻蚀、溅射、湿法氧化、键合、研磨、抛光、退火等加工过程，并提供Ⅲ - Ⅴ族化合物半导体材料的外延、薄膜沉积、刻蚀、研磨、抛光、切割和测试等服务。先导院还组建了信息光子器件与光子集成研究中心、先进半导体激光材料与器件研究中心、特种激光技术研究中心、微纳光机电器件与系统工程中心、生物光子学研究中心，为入驻企业提供研发方面的支撑。

发起成立陕西先导光电集成科技基金。 基金由陕西省政府、西安高新区引导基金参与，带动金融机构、民营企业等市场化力量参与，共募资超过 10 亿元。基金主要挖掘、投资光电子集成芯片和光电应用相关的优质科技创新项目和成果转化项目，目前已经投资了 70 多个项目。

　　成立陕西光电子集成产业技术创新战略联盟。联盟成立于 2017 年 3 月 31 日，由西安光机所、先导院、西安微电子技术研究所、西安交通大学、西安电子科技大学、西安邮电大学、西安奇芯光电科技有限公司、西安立芯光电科技有限公司等政产学研机构和企业共同发起成立。联盟理事长单位为西安光机所，秘书处设在先导院。联盟围绕我国信息产业及应用领域对光电子技术的需求及产业的发展，统筹协调省内光电子集成和产业相关资源，以技术创新需求为纽带，有效整合政产学研各方资源，充分发挥自身优势，推动对光电子集成核心技术的研究及自主创新。

3. 运行机制高度市场化

　　传统科研院所在运营过程中主要依靠国家财政投入，自我造血能力较差，且远离产业需求。先导院坚持市场化运营机制，致力于构建一个可以自我造血、可持续发展的模式。通过市场化的运营机制，先导院能够持续更新和引进企业所需要的、最先进的设备，更重要的是提高了内部的运营效率，契合了光电子行业领域对缩短周期的特殊要求，获得了入驻企业的一致好评。先导院采用市场化运营机制，改变了在国家重大需求领域完全依赖财政投入的供给方式，打造了依靠市场化力量、方式支撑国家重大需求和技术攻关的新模式，为在新一轮科技革命、国家科技自立自强征程中打造高效、节约、持续的创新供给体系提供了一个模板。

　　通过高度市场化的运营，先导院在构建光电子技术创新生态、推动科技成果转化、突破关键核心技术制约、培育区域经济增长等方面取得了较好的进展。

一是初步形成了光电子领域的制造业"产业公地"。 目前，先导院打造了涵盖基础设施、专业知识、工艺开发、工程制造等的创新生态，整合人力资源、供应商和配套资源等，形成"产业公地"，汇聚了国内外光电子领域众多顶尖科研院所与高校创新资源，集聚了侯洵、郝跃、周治平、张怀武、程东、Brent（布伦特）、张文伟等近 200 位光电子领域专家，吸引了华为、海康威视等一批产业龙头聚集，各类创新要素在"产业公地"内同频共振，开始在光电子领域和国家战略布局中崭露头角。

二是攻克了一批关键"卡脖子"技术。 先导院平台孕育出一批突破国外技术封锁、补齐国家关键核心技术缺失短板、具有实力参与全球竞争的关键核心技术和硬科技企业。先导院在光电子产业领域培育了曦智科技、奇芯光电、鲲游光电、本源量子、唐晶量子、飞芯电子、橙科微电子、洛微科技、源杰半导体等 90 多家光电子企业，覆盖光电子材料与芯片、光电子制造、光电子传感和生物光电子等多个产业领域，形成 56 项专利、20 多项国际领先成果，在全球光电子产业中与国外保持同步，抢占光电子产业发展先机。

三是支撑区域培育前瞻性、先导性未来产业。 先导院极具前瞻性地在全国范围内瞄准光电子技术这一"后摩尔时代"的关键核心技术，并在京津冀、粤港澳大湾区、长三角等国家战略布局区域以及陕西本地推动光电子产业发展，为区域未来经济增长培育新动能。在先导院的推动下，陕西省委牵头实施"追光计划"，将光电子产业作为陕西未来经济增长点。北京高度重视并布局光电子产业。同时，广州、深圳、上海、杭州等地也大力推动光电子产业发展，整体呈现"星星之火，燎原之势"。

第七章

轨物范世：

新型研发机构认定
备案研究

新型研发机构的建设是完善我国科技创新体制机制的重要体现，也是加快推进我国科技创新治理体系和治理能力现代化的生动实践。开展新型研发机构的认定备案是新型研发机构系统化管理的基础，目前，地方层面已经开展了新型研发机构认定备案的丰富实践。新型研发机构的认定备案，不仅需要依照国家和区域科技创新的要求明确其核心功能、机构性质等，同时也需要对门槛条件做出规定。本章主要分析国内开展新型研发机构认定备案的必要性和现状，并结合国家、地方对新型研发机构的发展要求，提出国家开展新型研发机构认定备案的设计建议。

第一节　国内开展新型研发机构认定备案的必要性

1. 有利于政府形成统一的认识和体系化管理

2015年9月，中共中央办公厅、国务院办公厅印发《深化科技体制改革实施方案》，提出要“推动新型研发机构发展，形成跨区域、跨行业的研发和服务网络”。2016年，中共中央、国务院印发《国家创新驱动发展战略纲要》，提出“发展面向市场的新型研发机构。围绕区域性、行业性重大技术需求，实行多元化投资、多样化模式、市场化运作，发展多种形式的先进技术研发、成果转化和产业孵化机构”。《“十三五”国家科技创新规划》强调“培育发展新型研发机构。发展面向市场的新型研发机构，围绕区域性、行业性重大技术需求，形成跨区域跨行业的研发和服务网络”，并特别提出要“制定鼓励社会化新型研发机构发展的意见，探索非营利性运行模式”，即新型研发机构的发展培育，重点放在增量建设上，通过市场化、社会化新主体建设，完善国家和区域创新体系、功能体系，解决科技与经济"两张皮"问题。在此基础上，2019年9月科技部印发的《关于促进新型研发机构发展的指导意见》中提出"通过发展新型研发机构，进一步优化科研力量布局，强化产业技术供给，促进科技成果转移转化，推动科技创新和经济社会发展深度融合"。新型研发机构的出现与蓬勃发展，是我国国家创新体系转型和探索创新发展道路的大事件。

然而，针对新型研发机构，并没有制定相关的配套细则，仍缺乏规范性标准。因此，地方层面对新型研发机构的理解和认知仍然存在不一致的情况，对新型研发机构的认定备案标准存在理解不准确的情况，部分认定备案标准将科技企业也纳入了新型研发机构的认定备案当中。所以，在同一层面对新型研发机构的条件进行精准界定，有利于新型研发机构的准入、自律和政府的支持与管理。

2. 有利于新型研发机构精准定位、精进发展

开展新型研发机构认定备案符合对新型研发机构引导的需要。新型研发机构是促进产学研结合、提升创新体系效能的重要实践产物。基于科技部调查数据，截至2021年底，全国各种类型的新型研发机构已经达到2412家，新型研发机构在机构数量、经费规模、人才素质、科研设施等方面已经成为一股能与传统科研机构分庭抗礼的新生力量，是地方推动创新驱动发展转型的主要依托。从现实发展来看，新型研发机构的建设发展本身就不是基于一致认知、采取一致行动的结果，而是不同的建设主体根据自己不同的理解，

在不同约束条件下操作的结果。在前期建设布局阶段，不同的建设主体各自探索不同的模式、路径，到目前，新型研发机构已经形成了一定的规模。并且，大多数新型研发机构的建设都有政府力量、体制内科研机构力量参与其中，在现阶段，需要进一步统一思想认识，对新型研发机构进行体系化归类、界定，也需要匹配相应的认定备案框架，对符合相关要求的新型研发机构进行引导，以促进其健康发展。

第二节 国内新型研发机构认定备案现状

1. 国内各地认定备案情况研究

随着国内新型研发机构的蓬勃发展，各地政府高度重视新型研发机构的培育部署工作，并不断探索完善新型研发机构的政策制度体系，陆续开展新型研发机构的评价、认定等工作，进一步规范、细化新型研发机构的注册管理等。

各地结合实际发展需求，通过认定制、备案制、登记制等，将新型研发机构纳入管理序列，为后续政策支持提供依据。一是认定制。北京、天津、吉林、安徽、江西、广东、广西、重庆、陕西、甘肃等地对新型研发机构实施申报认定管理，通常由省级科技管理部门负责组织，第三方机构（专家）开展认定论证。二是备案制。辽宁、黑龙江、山东、湖北、湖南、四川、宁夏、新疆生产建设兵团等地由省级科技管理部门负责对新型研发机构实施备案管理。三是登记制。上海市自然科学和工程技术领域的科技类社会组织实行直接登记，申请人可直接向市、区民政部门申请登记，市、区科技管理部门加强行业管理与服务。

根据行政认定的不同，将新型研发机构分为省级新型研发机构、市级新型研发机构以及区级新型研发机构，对符合要求的机构给予一定的政策优惠以及资金扶持。如广东省于 2014 年在全国率先开展了新型研发机构的认定工作；在浙江省，符合条件的机构可以通过浙江省科技厅进行省级新型研发机构的网络申报认定，通过后就可以享受政策优惠及经费支持。陕西省科技厅在 2022 年组织了省级新型研发机构的认定工作，首批认定的有陕西空天动力研究院有限公司、先导院等 22 家新型研发机构。安徽省安庆市、陕西省西安市等地都组织了市级新型研发机构的认定工作。2021 年，安庆市首批认定了安庆市林业科技创新研究院、安徽筑梦三维智能制造研究院有限公司等 6 家市级新型研发机构。

自 2019 年以来，各级政府对新型研发机构的重视程度不断加深，省市层面开始对新型研发机构的认定及规范管理工作，但是目前国家层面还未开展新型研发机构的认定工作。建议适时开展国家级新型研发机构的认定备案工作，引导各地建设培育出一批像德国弗劳恩霍夫协会一样具有全球影响力、竞争力的新型研发机构，真正面向产业需求、聚焦"卡脖子"技术持续攻关，为产业界源源不断地提供关键核心技术，推动产业链和创新链深度融合，破解科技与经济"两张皮"的问题。

2. 国内各地认定备案指标研究

根据各地开展新型研发机构认定备案的具体实践，新型研发机构的认定

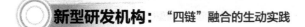

备案指标大体分为三类，一是基本条件指标，二是研发条件指标，三是各地方存在差异化要求的其他指标。

关于基本条件指标。这类指标主要规定了要进行认定备案的新型研发机构在主体资质、功能定位、投资主体构成、管理制度等方面的要求，大多数为定性评判性的指标。在主体资质层面，各地基本遵从新型研发机构"新"的内涵，要求新型研发机构是独立运行的法人主体；在功能定位层面，明确要求新型研发机构具备科技研发、技术服务等功能。但各地在评价指标的细化程度上有差异，比如广东省要求新型研发机构"具有明确功能定位，主要从事前沿技术研究、产业技术开发、科技成果转化、企业技术服务、创办科技企业等工作"；浙江省要求"新型研发机构主要从事科学研究、技术创新和研发服务"。部分地区在认定备案时对于投资主体构成有相关指标要求，比如浙江省要求具备"多元化投入机制"，安徽省要求"拥有多元化的投资主体。由单一主体所持有的财政资金举办，且主要收入来源为长期稳定财政资金投入的研发机构，原则上不予受理"。在管理制度层面，主要涉及对管理运行机制、人才引用和激励机制等方面提出要求，比如山东省新型研发机构的认定备案中关于管理制度的指标主要有 3 项，分别是"清晰的战略设计"、"新型的运营机制"（现代化管理制度、市场化分配激励机制、灵活用人机制）和"内控制度"。

关于研发条件指标。研发条件指标是各地开展新型研发机构认定备案的核心指标，主要包括研发场地和仪器设备、研发人员、研发投入、研发收入等维度。比如，广东省在研发条件方面的主要规定如下：一是研发场地和科研仪器设备，要求场地面积不低于 600 平方米、自有科研仪器设备原值不低于 200 万元；二是研发人员队伍，要求常驻研发人员数量不低于 20 人，常驻研发人员数量占职工总数的比例不低于 40%；三是研发投入，要求珠三角和粤东西北地区的新型研发机构上一会计年度研发费用支出分别不低于 500 万元、200 万元。浙江省在研发场地和仪器设备、研发人员、研发投入这 3 个维度指标的基础上，还设计了研发方向指标，要求"面向世界科技前沿，聚焦国家和我省重大发展战略需求""具备承担国家和省级重大科研项目的能力"。

关于其他指标。部分地区设定了其他指标，一般为 1～2 项，主要是关于负面准入等方面的指标。比如，广东省对新型研发机构的认定设置了 1 项负面准入指标，即在业务领域方面，规定了"主要从事生产制造、教育教学、园区及孵化器管理等活动的单位原则上不予受理"。浙江省新型研发机构申报认定要求"近三年未发生环保、安全、知识产权以及学术不端等不良行为"。

第三节　国内开展新型研发机构认定备案的设计建议

1. 总体考虑

开展新型研发机构重点机构监测备案工作，以习近平新时代中国特色社会主义思想为指导，以强化新型研发机构创新主体地位、促进科技成果转移转化、提升国家创新体系的整体效能为目标，探索建立新型研发机构发展评价监测体系，通过政策引导和市场化的机制，吸引更多社会资本进入创新领域，调动、激发新型创新主体的创新能力和创新活力，助力一批"功能定位新、建设模式新、激励机制新、运行良好"的新型研发机构脱颖而出，加速培育一批"以研发为产业、以科技成果为产品"的新型研发机构，充分利用新型创新主体的战略科技力量，促进各类创新要素向新型研发机构集聚，坚持以科技创新推动高质量发展，推动实现以更高水平的科技自立自强构建新发展格局。

2. 原则遵循

自主填报，统一标准。国家制定统一的新型研发机构监测备案及评价标准，地方科技管理部门组织机构填报，将符合标准的新型研发机构逐步纳入统计监测体系。

持续监测，分类评价。按功能定位将新型研发机构分为前沿基础类和产业应用类，并分别制定评价标准，根据评价标准筛选符合要求的新型研发机构进行监测备案。

集成政策，强化支持。推动国有商业银行、创投机构、投资基金等社会机构向新型研发机构聚集，强化金融对被纳入监测备案的新型研发机构的重点支持。地方科技管理部门有效集成财政政策、创新政策、人才政策、住房政策等。

3. 主要方案

（1）方案一：分类备案

根据《中华人民共和国科学技术进步法》等文件提到的新型研发机构

的功能定位、发展支持方向，分类建立全国新型研发机构监测备案及评价标准，主要对前沿基础类新型研发机构和产业应用类新型研发机构进行备案。鼓励前沿基础类新型研发机构面向前沿创新领域开展研究，引导其取得重大原始创新成果。鼓励产业应用类新型研发机构面向产业需求、企业需求开展定向研发和成果转化。

针对这两类新型研发机构，从机构主体性质、主责主业、专业能力、投入产出构成、科研诚信5个方面考量，设计具体的备案指标。

主体性质方面，相关备案指标主要考量新型研发机构是不是独立法人机构，是否具备多元主体投入结构，是否具备完备的决策结构、运行机制等。

主责主业方面，主要围绕新型研发机构的核心功能进行相关指标设计，对于前沿基础类新型研发机构，重点关注其是否开展前沿研究、基础研究；对于产业应用类新型研发机构，重点关注其是否开展应用研究等。

专业能力方面，相关备案指标重点关注两类新型研发机构是否具备相应的领军人才、研发人员队伍、研发场所及设施设备，是否开展研发项目，是否有专利等研发产出，等等。

投入产出构成方面，重点关注两类新型研发机构是否具备市场化经营能力，是否从社会面获得相应的科研项目、资金支持等。

科研诚信方面，重点关注新型研发机构是否存在科研失信行为、重大安全事故、重大质量事故等情况。

在分类备案中，无论是前沿基础类新型研发机构还是产业应用类新型研发机构，研发功能都是新型研发机构的核心功能。在主责主业、专业能力等相关指标中，需要明确研发收入占比、研发人员占比等能够反映研发这一核心功能的具体指标的数量要求以及研发产地情况、研发平台情况，明确备案的具体条件。

（2）方案二：统一标准

立足新型研发机构是"聚焦科技创新需求，主要从事科学研究、技术创新和研发服务，投资主体多元化、管理制度现代化、运行机制市场化、用人机制灵活的独立法人机构"这一定义，统一相关的备案标准。相关的指标设计应包含以下几方面。

第一，具有明确的发展方向。面向科技前沿，聚焦产业需求，以基础研究、应用基础研究为主，并在产业关键共性技术研发、科技成果转移转化、创业孵化、研发服务以及人才培养方面有鲜明特色，具备产业服务支撑能力。不包括主要从事生产制造、教学培训、检验检测、中介服务、园区管理等活动的机构或单位。

第二，具有多元化的投资主体。由国有资本投资平台、企业、高校院所、科研团队、其他社会资本等其中的两类及以上的主体共同投资。新型研发机构是注册地及主要办公和科研场所设在中华人民共和国境内，具有独立法人资格的企业、事业单位和社会服务机构。

第三，具有现代化的管理机制。实行理事会、董事会决策制和院长、所长、总经理负责制，并建有完善的机构管理章程。

第四，具有市场化的运行机制。建立多元的投入机制、市场化的决策机制、高效率的成果转化机制。推动实现市场化运营、专业化管理，形成集研发、转化、孵化、投资等功能于一体的运行模式。

第五，具有灵活的用人机制。建立市场化的薪酬机制、企业化的收益分配机制、开放型的引人和用人机制。实行全员聘用、自主招聘、专职人员和兼职人员相结合的灵活用人机制，建立按岗位、按业绩、按贡献定酬取酬的薪酬体系。

第六，具有完备的研发环境。具备开展研究、开发、试验、服务所需的科研仪器设备和固定场地等基础设施。拥有必要的测试、分析手段以及工艺设备和软件平台。

第七，具有相对稳定的收入来源。包括出资方投入，财政划拨经费，科研项目经费，技术开发、技术转让、技术服务、技术咨询等市场化服务收入，以及接受的捐赠、投资收益等。

第八，具有较强的研发和转化能力。具备承担国家和地方技术攻关、科技成果的中试熟化、孵化培育科技企业的能力和经验，并拥有取得自主知识产权、孵化服务企业的成功案例。

采用统一标准进行备案，也需要重点把握并明确相关指标标准：对研发环境中研发平台、研发条件等应该达到的标准进行具体规定；对收入来源中研发收入等相关指标明确其具体应该达到的标准；对研发和转化能力相关的中试熟化、孵化培育等指标进行具体量化规定。

（3）方案三：分阶段入库认定

第一阶段：开展入库。基于新型研发机构新目标导向、新业务功能、新组建模式、新管理方式、新运行机制、新组织属性6个"新"的内涵，制定新型研发机构入库的基本指标，对符合标准的新型研发机构开展登记入库，建立新型研发机构培育库，进行入库的动态管理，随时登记、随时认定。给予入库的新型研发机构3年的培育期，在3年培育期内，每年对其进行数据监测，为下一步认定提供依据；在 3 年培育期内，任意一年内新型研发机构相关情况和数据符合分类认定的相关标准，即在当年进行认定；若 3 年培育期满，新型研发机构相关指标仍达不到分类认定的相关标准，则令其退出培育库。

入库基本指标包括：机构具备独立法人资格；机构具有两个及以上的投资主体；机构主要从事科学研究、产业技术开发、科技成果转化、科技企业服务等；机构具有完备的管理制度，包括市场化运行方式、灵活的引才用才机制、研发和成果转化管理与激励制度等。

第二阶段：开展认定。依据相关指标，结合对入库新型研发机构的统计监测情况进行认定，以便进一步分类管理、精准施策。在分类认定方面，进一步细化各个指标的打分标准，对得分为 70 分及以上的机构进行正式认定，综合考量科研活动和产业化活动的具体情况，进一步考虑是否进行分类认定。具体的打分标准可以基于科研活动、产业化活动等维度进行设计。科研活动指标设计方面，重点需要关注新型研发机构聚焦的创新领域 / 阶段、创新模式探索、科研项目情况、投入情况等。产业化活动指标设计方面，重点针对新型研发机构的成果转化、创业孵化、创业投资、科技服务等的情况开展具体指标设计。

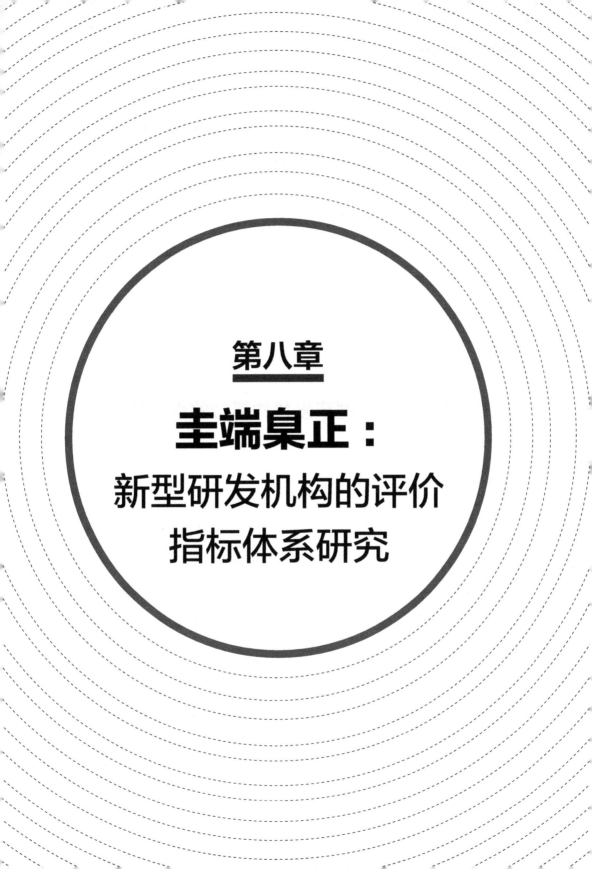

第八章

圭端臬正：
新型研发机构的评价
指标体系研究

新型研发机构评价是新型研发机构体系化管理的重点。构建评价体系不仅直接涉及财政资金的使用效率，也是进一步提升国家创新体系效能的关键举措。2019年9月，科技部印发的《关于促进新型研发机构发展的指导意见》明确指出"科技部组织开展新型研发机构跟踪评价"。新型研发机构的评价应该区别于传统科研机构的评价思路，切实对新型研发机构起到价值方向引领、提升资源配置效率的重要作用。本章主要分析国内新型研发机构评价现状，并基于现有评价标准，综合德尔菲法和熵权法提出一套关于新型研发机构的评价指标体系。

第一节　新型研发机构评价的必要性

1. 提升机构发展质量

新型研发机构在全国各地大量涌现，但各地对"新型研发机构"这一术语的使用并不统一，目前常用的有"产业技术研究院""工业技术研究院""新型研发（科研）机构"等。这一现象背后反映的更深层次的情况是，自下而上、自发成长起来的新型研发机构数量众多、种类众多、模式众多。但繁芜庞杂的新型研发机构的内部激励评价机制不健全，可能存在过多关注短期利益等问题，难以真正实现其在科技创新中的使命和功能。

为有效监督和评价我国新型研发机构发展成效，进一步引导其发挥体制机制优势，助力产业高质量发展，有必要从新型研发机构的核心功能出发，构建一套适用于评价新型研发机构核心能力的指标体系。这不仅有利于新型研发机构识别自身发展现状、增强竞争优势，还有助于政府"以评促建"，引导新型研发机构健康有序发展。

2. 提高财政资金绩效

基于目前国内新型研发机构主要由地方政府发起投入的这一基本事实，政府科技经费投入与相关政策支持是新型研发机构建设发展的重要科技资源来源。比如北京市政府参事室相关人员经过调研了解到，多数机构主要收入来源于财政经费，财政经费占总收入的比例高达 93.7%，来源比较单一。在新型研发机构建设初期，政府财政资金投入力度较大，政府更加关注新型研发机构的能力建设。在运营期间，地方政府为新型研发机构提供运营经费支持，关注新型研发机构的创新成果产出。

地方财政资金对新型研发机构的投入决定了需要对新型研发机构进行科学、精准的绩效评价。一方面，从财政资金使用的基本面来看，当今社会各界越发关注公共财政资金配置绩效，要最大化财政资金的投资绩效，就需要对新型研发机构的发展和经营情况进行动态评价，以及时对财政资金的支持情况做出调整。另一方面，从政府科技经费的投入要求来看，国内的科技经费投入绩效管理制度体系正在不断完善，在尊重规律、深化改革的基础上，构建以科技创新质量、贡献为导向，适应科技发展要求的科技评价制度体系，突出绩效评价的创新服务功能。

3. 引导社会加大支持

目前国内大部分新型研发机构是由政府主导建设的，社会力量参与、投入不多，这可能使新型研发机构在发展后期面临制约。因为从科技创新的发展阶段来看，新型研发机构建设初期对政府资源、高校院所科技资源依赖较大，该时期形成机构发展所需要的硬件条件、技术资本的积累。但到了成果转化和产业化阶段，新型研发机构的市场价值主要体现在成果转化的成效、科技投入回报等方面；同时，新型研发机构的社会价值更多体现在区域创新人才、创新氛围、社会创新环境促进等方面。新型研发机构在发展中后期，对产业资源、社会资本等的需求会更加迫切。

开展新型研发机构的评价，有利于引导社会资源与绩效优异的新型研发机构形成协同，促进各类资源更多投入新型研发机构，系统地为新型研发机构赋能，促进创新研发、成果转化、产业育成等环节贯通。同时，还能够通过引导社会资本的投入，推动新型研发机构市场化运作，倒逼发展运营状况欠佳的新型研发机构从市场出清，实现新型研发机构的优胜劣汰。

第二节　新型研发机构评价现状

1. 评价工作开展基本情况

（1）地方率先开展实践

为了进一步深化科研院所改革，促进创新驱动高质量发展，深入实施创新驱动发展战略，提升创新体系整体效能，有关地区先后密集出台了一系列与新型研发机构相关的政策措施，积极探索建立了一系列新型研发机构考核评价机制，以对产业发展的贡献来评价考核新型研发机构的发展情况，重点突出成果转化、企业孵化和企业研发服务等的情况，引导新型研发机构面向产业发展进行管理机制、运营模式等方面的创新和突破，提升机构发展水平。

以江苏、浙江、广东等地为例，当地科技管理部门均委托第三方专业机构对新型研发机构进行动态评价，建立优胜劣汰、有序进出的动态管理机制。浙江省科技厅以 3 年为周期，委托第三方专业机构对省级新型研发机构开展绩效评价，按照不超过 10% 的比例评选出绩效评价等级为优秀的新型研发机构，给予相应政策支持。对于绩效评价等级为不合格的机构，第一年给予警告并限期整改，整改未通过或连续 2 年不合格的予以退出处理。江苏省科技厅探索建立与基础研究、技术研发、成果转化、应用推广等不同类型科研活动规律相适应的分类评价制度，强化绩效评价结果运用，将绩效评价结果作为项目调整、后续支持的重要依据。广东省科技厅建立三级评价指标体系，围绕研发条件、体制机制和研发团队建设情况，对新型研发机构进行跟踪式管理，通过第三方评价建立能进能出的动态评价机制，且将评价结果作为每年财政支持的重要依据，以提高政策执行和资金利用的效率。

（2）国家鼓励开展新型研发机构评价

为提升国家创新体系整体效能，2019 年 9 月，科技部印发了《关于促进新型研发机构发展的指导意见》，对新型研发机构的定义、功能定位、应符合的条件、管理机制、政策措施及绩效评价等提出要求和指导意见，并提出"地方可参照本意见，立足实际、突出特色，研究制定促进新型研发机构发展的政策措施开展先行先试"。

2021年，火炬中心将加快推动新型研发机构健康发展列为工作要点，提出在科技部政策法规与创新体系建设司及相关部门指导下，制定和印发新型研发机构评价标准与统计指标文件，开发建设全国新型研发机构信息服务平台和数据库，开展新型研发机构统计、监测与评价，引导新型研发机构投入主体多元化、管理制度现代化、运行机制市场化、用人机制灵活化。火炬中心已经连续多年开展国内新型研发机构的统计工作，并依据统计收集的数据，编制形成了新型研发机构的年度发展报告，开展新型研发机构的动态跟踪等。

2. 评价工作开展导向

（1）科研投入产出导向

新型研发机构的科研体系是以项目为核心的多种机制的耦合，在科研立项、研发模式、项目管理等方面与传统科研机构相比具有较强的灵活性。新型研发机构通过以市场需求为导向开展立项，以项目为纽带搭建研发团队，以赋予项目负责人高度自主权的理念进行项目管理，极大提升了科研成果产出效率。发展运行良好的新型研发机构可以提升科研产出能力，较好的科研产出得益于科研体制机制的变革。如先研院组建由科学家、企业家、投资人组成的专家委员会，专家委员会组织开展项目申报、项目论证及评审；之江实验室建立"首席科学家+项目负责人"的项目管理模式，赋予项目负责人提出研发课题、技术攻关决策、经费分配使用和组织研发团队等的自主权。

（2）人才价值驱动导向

新型研发机构秉持"不求所有、但求所用""事业留人、待遇留人"的先进理念，在人才选聘、激励、评价、保障等方面积极开展制度探索，通过引入"双聘双挂"、股权奖励、终身聘用等机制，打破阻碍人才自由流动的体制障碍，跨主体、跨地域地汇聚高端科研人才及团队，筑牢新型研发机构发展根基。经营和发展情况较好的新型研发机构在人才引用制度上开展积极探索。比如，陕西空天动力研究院建设了高端人才汇聚平台，组建和培育航空航天动力领域"院士工作室"和"科学家工作室"，形成以院士和行业顶级专家为核心的高技术人才团队；推动人才体制机制改革创新，以项目为牵引，以空天动力研究院为依托，按照"自主设岗、自主聘用、自主考核、自主定酬"的原则进行选聘，汇集、引进高端人才，形成人才集聚效应和"人才池"，实现人力资源效益最大化。

（3）研发和产业融通导向

新型研发机构立足区域产业升级需求，将技术需求侧与供给侧紧密结合，通过合作研发、人才联合培养、创新项目定向孵化等方式，促进科技创新向现实生产力转化，在平衡"高校、政府、企业"三者关系的过程中探索政产学研合作新路径。新型研发机构的发展需要强化研发和产业融通，为服务区域产业发展打开全新的局面，目前已经涌现出了一批研发和产业紧密协同的平台。比如，北京航空航天大学杭州创新研究院设置学生管理平台、科研平台、保障平台，与北京航空航天大学开展人才联合培养，为杭州滨江区创新创业贡献了诸多力量。又如，先研院通过"研究所+学院+育成基地+基金"的运作模式，集技术价值实现所需的技术开发、人才培养、资金供给等功能于一体，将研发与产业紧密结合，保证自身拥有较强的技术产业化能力。

（4）可持续发展导向

新型研发机构在技术转移、产品评价与检测、人才培训等科技服务供给，以及创业期直接投资、创业服务转换股权、项目成果入股、项目孕育期投资等项目投资机制等方面开展诸多有益探索，形成以服务收入为主导、以项目投资为补充的市场化运作模式，逐步完成由“政府输血”到“自我造血”的转变。在新型研发机构的运行发展过程中，已经涌现出一批实现自我造血的机构。比如，广东华中科技大学工业技术研究院率先制定了以无形资产作价入股的激励机制，打造“众创空间—孵化器—加速器”科技创业孵化链条，通过承担产业孵化、有偿服务企业等途径来实现自我造血和自我发展。

3. 评价工作提升方向

（1）各地评价指标存在差异，缺乏统一认识和标准

虽然科技部在 2019 年 9 月颁布了《关于促进新型研发机构发展的指导意见》，对新型研发机构的功能定位、运行模式、机构治理等做出规定，但由于缺乏全国统一明确的标准，各地纳入统计和支持范围的新型研发机构各不相同，在功能内涵上存在差异。例如，一些企业研发中心、无研发功能的服务平台和以销售产品为主营业务的科技企业也被认定为新型研发机构。

（2）评价设计缺乏关键核心指标，尚未充分反映“新”之所在

新型研发机构不同于国内传统科研机构，新型研发机构更加需要具备解决实际科研问题的能力，要深植于市场需求和产业发展的前沿，敏感把握市场、产业脉搏，根据产业需求开展研发创新，产生与实际需求紧密结合的

成果或将成果成功转化应用。目前，新型研发机构评价仍然比较关注专利产出、创新平台建设等过程性的指标，存在"重数量轻质量"的状况，对新型研发机构实际产出成果的前沿性、实用性、市场价值等评价不足。同时，目前对新型研发机构在项目筛选、利益分配、绩效评价、人员聘用等方面的评价比较薄弱。

（3）反映经营发展状况的指标缺失，新型研发机构自我造血能力仍需加强

根据调查数据，从收入指标来看，部分新型研发机构收入水平较低，部分新型研发机构收入来源单一；从盈余指标来看，近半数新型研发机构年度盈余为负。这表明部分新型研发机构依赖政府支持，难以在市场竞争中生存。在新型研发机构的评价中，需要将市场化服务能力、市场化竞争收入、客户满意度等相关指标作为核心考核指标，引导其自我造血。比如，德国弗劳恩霍夫协会的重点考核指标就是获得竞争性科研资金的规模和产业界客户满意度。

（4）更加注重绩效评价结果的使用，切实促进新型研发机构高质量发展

目前，我国各地开展新型研发机构绩效评价，评价结果主要用于奖补资金的拨付等，对长期抓好新型研发机构建设、引导新型研发机构发展等还没有充分发挥价值。新型研发机构的绩效评价结果不仅要用于把握财政资金使用效率，还要用于促进政府资金支持和使用机制的优化，推动政府引导、自我发展、社会支持的协同，促进新型研发机构可持续发展。此外，还需要应用绩效评价结果，发现新型研发机构的问题、发展态势等，为政府进一步决策提出建设性的意见和建议。

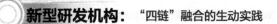

第三节　新型研发机构评价指标分析

新型研发机构已经历 20 余年的发展，但是从政府治理层面来看，各地出台明确的新型研发机构评价标准文件是最近几年发生的事情。截至 2022 年底，全国有山东、安徽等 18 个省份明确印发并公开发布了新型研发机构量化评价标准，广东新型研发机构评价指标体系作为全国最早以省厅文件印发的量化评价标准，涉及基础条件、体制机制、人才团队、创新活动、效益产出等五大类共 38 项量化评价指标，比较全面地呈现了新型研发机构创生发展的各类要素。

1. 评价指标结构

通过分析已公开的新型研发机构评价标准不难发现，一级指标基本包含机构概况、制度创新、研发活动、创新效益、人才团队等，具体如下。

（1）机构概况

基础环境建设是新型研发机构发展壮大的硬件保障。新型研发机构的科研人员开展基础研究、应用基础研究、技术转移、成果转化等，都离不开办公条件、仪器设备、实验条件等基础设施。因此，在早期的新型研发机构评价标准中，基础环境和科研条件均被纳入评价指标体系中，一般细分为机构注册资金、建设用地规模、科研仪器设备以及研发经费投入等。

（2）制度创新

随着新型研发机构的发展，体制机制创新逐渐成为其区别于传统科研机构的重要标志，各地在评价标准中对此均有专门部署，如：评价其发展战略是否明确，是否制订中长期发展战略规划，是否制订年度研发计划；评价其组建模式是否有所创新、投资主体的多元化程度，是否建立年度预算资金计划；衡量其市场化运行机制，是否建立人才激励制度，是否建立财务管理制度，是否建立科研项目管理制度，等等。

（3）研发活动

作为新型研发机构的核心任务之一，研发活动始终在评价标准中占据重要地位，主要是通过研发投入和研发产出来衡量。随着新型研发机构的发展，研发投入和研发产出又进一步被拆分细化为两项独立的一级指标。

研发投入。研发投入是衡量科技进步水平的核心指标，合理配置研发资本投入、持续优化资本结构是提升新型研发机构自主创新能力的有效路径。各地常将其细分为 4 项指标，具体包括财政经费投入、社会资金投入、机构研发经费投入以及研发经费占年度收入比例。

研发产出。在衡量研发活动投入成效的过程中，研发产出的数量和质量对研发机构的战略定位、资源配置、科技评价和人才引进等方面具有重要的意义，各地常将其细分为 5 项指标，具体包括课题立项数量、有效发明专利拥有量、论文发表数量、制定标准数量以及成果获奖数量。其中，承担国家重点研发计划项目等重大项目，突破产业"卡脖子"难题，取得自主知识产权，打破国外垄断，以及为企业解决关键技术难题并实现应用等，在近年的评价标准中日益受到重视。这充分说明，新型研发机构立足于服务国家战略的发展导向进一步凸显。此外，知识产权也是反映新型研发机构研发产出的核心指标，通过评价一类知识产权及 PCT 专利申请和授权情况，可以反映创新成果产出的质量，这也是新型研发机构下一步进行成果转化和企业孵化的关键。

（4）创新效益

新型研发机构作为市场化运行的机构，自我造血能力是其可持续发展的关键。一方面，新型研发机构依靠创新发明、专利等获得直接或间接的经济效益；另一方面，新型研发机构通过服务企业与行业获取经济效益。因此，随着新型研发机构自身的发展，近年来出台的评价标准加强了对机构的创新效益的评价，创新效益评价的权重或细分指标在各地评价标准中也逐渐增加，主要表现为成果转化、企业孵化、社会服务等方面。

成果转化。新型研发机构支撑产业技术升级最重要的环节就是实现成果转化。作为推动科技进步与经济增长方式转变的重要环节，新型研发机构的科技成果只有与需求结合，快速地转化为现实生产力，才能体现其经济价值和社会价值。近年来，各地常通过评价机构盈利情况，衡量机构的持续运营能力；通过评价机构各类收入占比情况，衡量收入结构优劣。

企业孵化。当前，各新型研发机构均具备一定的企业孵化功能，各地通过评价机构在孵项目的数量和投资情况，能够从侧面了解新型研发机构的成果转化力度，以及是否紧密围绕机构的产业发展重点。项目研发与企业孵化的结合是新型研发机构高质量发展的重要手段。近年来，部分地区对企业孵化情况进行评价，通过评价孵化企业的收入和纳税情况，进而了解机构产业化能力。作为一种全新的科技创新组织形式，新型研发机构可基于自身禀赋并根据在孵企业的实际需求，为企业提供开展一系列科研活动的条件，通过完善配套设施，营造良好的创业环境。此外，新型研发机构通过积极参与在孵企业的管理运营，帮助其解决创业管理中遇到的难题，使其在不同成长阶段都能获得相应的发展资源，从而不断成长，降低企业创业的风险，提升初创企业的生存率。鉴于此，各地相关评价标准通常包括累计孵化企业数量、累计服务企业数量、孵化企业的收入和纳税情况以及对在孵企业的投融资情况等指标。

社会服务。新型研发机构在开展基础研究和应用基础研究、产出专利发明和成果产业化的同时，也承担着推动行业发展和促进交流融通的公益服务任务。近年来，已有地方评价标准关注到这一点，将社会服务细分为 3 项指标，具体包括是否带动公共服务进步、是否加入行业协会或产业技术联盟以及与有国际影响力的科研机构合作情况。

（5）人才团队

创新是第一动力，人才是第一资源，具备科学技术知识和创新创业意识的高水平人才已成为新型研发机构发展最具竞争力的核心资源。目前，新型研发机构的人才来源主要是引进和培养。从长远发展来说，人才培养是根本；从现实需要来说，人才引进是关键。基于此，人才集聚和人才培养始终是各地新型研发机构评价标准的重要组成部分。

人才集聚。人才，尤其是高端科研人才，在研发过程中发挥着牵引和带动作用，成为政府、企业、高校院所稀缺的宝贵资源。目前，新型研发机构通过大力集聚本领域的高端人才，改善既有人才队伍的质量和结构，提升科技竞争力和产业化能力，实现发展目标。各地常将人才集聚细分为 3 项指标，具体包括研发人员规模、研发人员素质与高层次人才引进情况。

人才培养。 目前，新型研发机构以重大科技基础设施作为载体，积极进行创新团队和创新平台建设，联合优势单位、整合多方资源、集成创新要素，培养本机构所需的高层次人才。近年来，部分地区将人才培养情况也纳入评价标准，主要包括创新团队建设、创新平台建设、本机构培养人才入选国家人才计划数量、本机构培养人才发表高水平论文数量以及本机构培养人才课题立项数量等。

此外，部分省份还加强了对地方政府政策扶持条件的评价。地方政府作为积极推动新型研发机构组建的关键主体，在产学研合作中扮演着重要角色。为鼓励创新，地方政府往往会通过资金资助、提供融资便利等，在税收、融资以及信贷等方面对新型研发机构的创立和发展予以帮助和支持，降低其在研发过程中所面临的风险，增加其研发积极性。因此，部分地区将地方政府政策扶持条件纳入评价标准，常将其细分为 3 项指标，具体包括税收减免、融资优惠以及资金扶持等。

2. 评价指标特点

纵观各地评价指标，可以发现有以下几个特点。

第一，评价指标的评价目的明确。 在国家和地方政府的大力支持下，我国新型研发机构正以"星火燎原"之势蓬勃发展。很多地方开展了新型研发机构的评价工作，一方面是通过设定相关的评价指标，引导新型研发机构聚焦核心主责主业，健康、有序、可持续发展；另一方面，通过设定财政资金使用相关的指标，识别新型研发机构发展情况，推动政府资金等资源向有效率的新型研发机构集中，推动新型研发机构优胜劣汰。

第二，评价指标的功能定位明确。一是研发新引擎，即以满足市场需求和产业需求为目标，集聚国内外高端创新资源，进行技术创新和成果转化，成为技术创新源头和产业创新源头。二是服务新平台，新型研发机构联合社会化、市场化的科技服务机构和风险投资机构共同形成专业服务体系，面向创业企业或项目提供技术转移、成果转化、创业孵化、科技金融等专业服务。三是资源连接器，新型研发机构协同政府、高校院所、企业、科技中介服务组织等各类主体，跨越从基础研究到应用研究、成果转化，再到产业化的创新鸿沟，切实消除创新中的"孤岛"现象。四是产业助推器，新型研发机构面向传统产业转型升级和新兴产业培育需求进行科学研究、技术开发，促进大量科技成果转化和科技企业爆发式成长，真正将科技创新转化为现实生产力。

第三，存在具有普适性的重要指标。研发能力、服务能力、产出能力、治理能力等是具有普适性的重要指标。其中，对于人才引进、知识产权、社会效益等在国内外创新创业类评价中都采用的指标，可以重点研究分析，为建设国内统一的新型研发机构评价指标体系打下基础。

国内各地关于新型研发机构评价指标的研究与设计，对设计统一的新型研发机构评价指标具有很好的借鉴意义。

第四节　新型研发机构评价指标体系设计

1. 评价指标体系设计的基本考虑

新型研发机构是当前集聚高端创新优势资源、吸引高层次科研团队、开展关键核心技术研发、加速创新成果转移转化、推动产业合作发展的创新生态系统，是集政产学研金服用于一体的机构组织，具有企业化运作导向清晰、经营灵活的优势。新型研发机构具有创新机构设立机制、运作模式灵活、人才评价标准新颖、企业化管理、引领行业技术创新、注重成果转化、集聚国内外高端人才、国际化这八大特征，未来还将根据自身优势，释放更多更大的能量。新型研发机构在投资主体、功能定位、治理结构、运行机制等方面严格区别于传统科研机构，如表 8-1 所示。

表 8-1　传统科研机构与新型研发机构对比分析

类型	投资主体	功能定位	治理结构	运行机制
传统科研机构	投资主体单一，主要包括由政府设立的科研类事业单位或由民间资本创办的科技类民办非企业单位	满足国家重大需求，实现国家经济社会发展目标和社会公益目标，主要做理论与基础研究、前沿技术开发等	事业单位管理体制，有明确的行政级别、严格的编制管理，拥有稳定的财政支持经费	组织严密，机制不够灵活，人才流动与晋升制度相对僵化，激励机制受限
新型研发机构	投资主体多元化，往往由多个担任不同角色的投资主体共建	功能多元化，以科研为核心延伸至科技成果转化与产业化、技术孵化、技术投资、产业投资等，具备孵化器功能	一般实行理事会以及研究院院长、公司总经理负责制	运行机制市场化，多采用市场化的用人机制、薪酬制度，激励机制灵活，研发组织模式创新

　　在中央和地方政府的引导与支持下，新型研发机构逐渐呈现出井喷式发展态势，成为一股不可忽视的新兴科技产业力量。新型研发机构发展至今，已经形成了多元化、多样化的发展格局。作为集科技创新与产业化于一体的组织，新型研发机构对过去以传统科研院所为主导的科技研发体系进行了创新性的补充。新型研发机构评价指标体系作为影响新型研发机构未来长期发展方向的导向性政策工具，应当能够体现新型研发机构的基本特征，既需要

评价新型研发机构与传统科研机构相近的研发功能，还应突出新型研发机构有别于传统科研机构的定位，凸显新型研发机构服务于科技经济价值实现的发展方向，重点突出对新型研发机构主体性质、主责主业、专业能力、投入产出构成及科研诚信等方面的评价。新型研发机构评价指标体系的构建流程如图 8-1 所示。

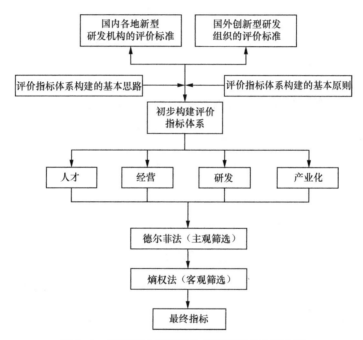

图 8-1　新型研发机构评价指标体系的构建流程

2. 评价指标体系构建的总体思路

一是体现新型研发机构的特点。新型研发机构本质上是科研机构，但由于其在投资主体、管理制度、运行机制及用人方式等方面具有自身的特点，从而与传统科研机构有着显著的区别。对新型研发机构的评价，既要考虑其作为科研机构，研究与创新能力是评价指标的重要因素，又要结合新型研发机构的特点，对其自身建设、经营能力、社会效益等方面加以关注。

二是考虑指标的科学性和数据的可获取性。 评价指标体系应当客观、科学，因此体系中的每项指标都需有相应的依据支撑。同时，指标涉及的所有数据信息可以明确、客观地获取。新型研发机构评价指标体系主要包含定量指标与定性指标两大类，其中定量指标的数据信息可以通过统计渠道客观、准确地获取；定性指标的数据信息可以通过机构自主提供、第三方机构提供、社会公开渠道等方式获得，确保数据信息的真实性和客观性。

三是统筹各地新型研发机构发展现状。 新型研发机构评价指标体系构建，需要统筹考虑各地新型研发机构的发展现状与支持方向，从而通过评价指标体系推动遴选出一批科研能力强、服务效果佳、发展形势好、带动作用广的优秀机构，充分发挥评价工作对新型研发机构未来发展的导向性作用。

四是明确新型研发机构的未来发展趋势。 评价工作不仅对当前新型研发机构的发展成效进行总结与评估，还通过评价建立示范效应，从而明确新型研发机构未来的发展方向与定位：一是新型研发机构应能够成为我国科技研发体系的有效补充，突出更加灵活、更加贴近市场的特点；二是新型研发机构应能够在产业创新发展中发挥重要作用，突出科研任务中应用型研究的分量；三是新型研发机构应能够切实提升企业的研发水平，成为兼具营利性和公益性的科研服务的供给方，为企业提供有效研发支撑。此外，还希望通过加强对评价结果的应用，探索建立适合我国国情的新型研发机构管理运行机制，推动新型研发机构持续良好发展。

新型研发机构评价指标体系设计需要遵循以下原则。

一是统一性。制定统一的新型研发机构评价标准和基本条件，将符合标准的新型研发机构逐步纳入评价指标体系，在同一评价指标体系下开展评价工作。

二是持续性。以新型研发机构的评价指标体系为基础，对纳入评价指标体系的新型研发机构进行持续监测评价，形成延续性的工作，为分析新型研发机构的发展情况持续提供支撑。

三是示范性。通过对新型研发机构的评价，筛选出一批创新能力较强、服务能力较好、引领作用明显、发展势头较好的新型研发机构，以对其他新型研发机构的发展起到示范带动作用。

四是科学性。坚持新型研发机构评价指标体系构建的科学性，充分吸收现有的国内外相关政策文献、各地的评价指标体系构建经验，在选取指标时依据现有的标准和程序，遵循科学、合理的基本要求，同时采用科学的指标筛选方法，保证所选指标以及指标赋权的合理性。

3. 综合德尔菲法和熵权法的评价指标筛选

目前指标筛选方法主要有 3 种。第一种，主观筛选方法，如专家打分法、德尔菲法、层次分析法等。这种方法完全由专家凭经验对指标的重要性进行考量，注重相关领域专家的意见，但存在主观性太强的弊端。第二种，客观筛选方法，这种方法是采用一系列的模型公式对初始指标进行理论推导，完全通过客观数据反映出来的信息和规律来判断指标的重要性，虽然很大程度上避开了主观因素带来的影响，但有时会由于数据差异小而忽略重要的指标或由于数据差异大而过分注重并不重要的指标。其中，客观赋权法是对数据本身进行挖掘的一种赋权方法。客观赋权法不借助数据以外的信息，各指标权重基于数据本身的信息以及各指标之间的关系来确定。客观赋权法的最大特点是一旦评价指标的数据确定，则指标权重和评价结果也确定。第三种，综合筛选法。这种方法通过主观赋权与客观赋权相结合的方式进行指标筛选，既能保证在评估指标重要性上不出现较大的偏差，又不会丢失隐藏在客观数据中的信息。因此，我们选择综合筛选法以筛选新型研发机构评价指标。

新型研发机构目前已经成为科研机构的一个重要类别，本书充分参考学界关于新型研发机构绩效评价的相关研究成果，结合实际情况，遵循评价指标体系设计的统一性、持续性、示范性和科学性等原则，分别从人才、经营、研发和产业化4个维度构建评价指标体系。这4个部分相互作用、相互影响，形成网络化的组织结构（如图8-2所示），使得新型研发机构内部资源配置更加灵活、高效。

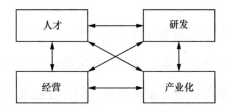

图8-2　新型研发机构评价指标体系的组织结构

为了使评价指标更具科学性与代表性，本书选用综合筛选法进行新型研发机构评价指标的筛选。首先使用德尔菲法进行指标的主观筛选。德尔菲法具备以下 4 个特点。第一，专家的匿名性。德尔菲法需要严格选择一定数量的相关领域的专家参与，专家的人数由研究问题的具体情况而定，一般为 10～50 人，大型问题需要的专家数量较多，专家匿名参与问卷调查。第二，问卷的重复性。德尔菲法的研究过程是一个重复的过程，要经过两轮以上的专家意见征询，直至专家意见在一定程度上达成共识，才可以结束意见征询，共识程度由专家意见协调系数 W 表示。在专家意见回复率较高的情况下，系数 W 越高，专家意见的共识程度越高，结论的准确性越高。方法学家认为系数 W 在 0.7 左右是最理想的。第三，有控制的反馈。德尔菲法研究要经过数次反馈。在每一轮意见征询后，要对征得的专家意见进行统计处理，并将处理后的集体意见反馈给每位专家，作为下一轮意见征询的参考。这种反馈是有控制的反馈，即控制应答者围绕既定目标进行意见回复。第四，结论的量化统计处理。德尔菲法研究采用统计方法，对专家的集体意见进行定量评价和处理。

德尔菲法的实施步骤：确立研究课题→选择专家→设计专家问题调查表→几轮专家意见征询与有控制的反馈→汇总、统计、分析调查结果。

具体而言，首先选择并组织与该研究领域相关或熟悉该研究领域的专家对前期归纳收集的指标进行讨论研究，提出合理的意见，之后综合专家的评价意见对相关指标进行初步筛选，最后经过充分研讨筛选，归纳总结出 4 项一级指标、40 项二级指标，形成新型研发机构评价指标的初步筛选结果，具体如表 8-2 所示。

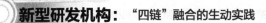

表8-2 德尔菲法初步筛选结果

一级指标	二级指标	指标序号
人才	从业人员期末数量	1
	研究与试验发展人员数量	2
	研发人员占比	3
	行业领军人才数量	4
	具有研究生学历人员数量	5
	具有高级职称人员数量	6
	外聘的流动研究人员数量	7
	招收的非本单位编制的在读研究生数量	8
	累计培养毕业研究生数量	9
经营	总收入	10
	财政拨款金额	11
	承担政府科研项目收入	12
	政府科研项目收入占比	13
	国家级科研项目收入	14
	来自企业的收入	15
	来自企业的技术性收入	16
	来自企业的科研项目收入	17
	技术性收入	18
	技术性收入占比	19
	孵化收入	20
	产品销售收入	21
	产品销售收入占比	22
	净利润	23

续表

一级指标	二级指标	指标序号
研发	单价万元以上自有科研仪器设备原值合计	24
	研发费用支出占比	25
	当年科研项目数量	26
	国家级项目数量	27
	来自非政府的项目数量	28
	来自企业的项目数量	29
	国际科技合作项目数量	30
	申请 PCT 国际专利数量	31
	授权发明专利数量	32
	期末拥有有效专利数量	33
	已被实施的发明专利数量	34
	累计形成国家或行业标准数量	35
产业化	累计投资金额	36
	累计基金投资入股企业数量	37
	累计技术作价入股企业数量	38
	累计孵化企业数量	39
	累计服务企业数量	40

在使用德尔菲法进行初步筛选后，进一步采用熵权法对初步筛选出的40项指标进行客观筛选。熵权法是一种应用于多指标的客观赋权方法，基本原理是利用信息之间的差异进行客观赋权，通过信息量决定指标权重，其评价结果主要依赖数据本身的离散性，定权方式较为客观，可有效避免权重决策过程中的主观影响，减少由主观因素决定指标权重时产生的偏差，使结果更加客观可信。熵权法计算的权重结果（总体）如表 8-3 所示。

表8-3　熵权法计算的权重结果（总体）

指标序号	指标类型	指标名称	熵权	排序
1	人才	从业人员期末数量	0.008 387 693	37
2	人才	研究与试验发展人员数量	0.007 218 584	38
3	人才	研发人员占比	0.000 452 310	39
4	人才	行业领军人才数量	0.016 133 136	28
5	人才	具有研究生学历人员数量	0.010 224 884	35
6	人才	具有高级职称人员数量	0.009 867 182	36
7	人才	外聘的流动研究人员数量	0.013 672 927	32
8	人才	招收的非本单位编制的在读研究生数量	0.031 113 706	14
9	人才	累计培养毕业研究生数量	0.039 528 477	6
10	经营	总收入	0.018 810 139	25
11	经营	财政拨款金额	0.025 699 280	20
12	经营	承担政府科研项目收入	0.042 576 731	5
13	经营	政府科研项目收入占比	0.054 784 956	1
14	经营	国家级科研项目收入	0.033 568 368	11
15	经营	来自企业的收入	0.022 049 635	22
16	经营	来自企业的技术性收入	0.028 461 059	17
17	经营	来自企业的科研项目收入	0.034 879 526	10
18	经营	技术性收入	0.026 226 236	19
19	经营	技术性收入占比	0.016 809 203	27
20	经营	孵化收入	0.015 831 494	29
21	经营	产品销售收入	0.028 409 946	18
22	经营	产品销售收入占比	0.033 002 175	13
23	经营	净利润	0.000 006 326	40
24	研发	单价万元以上自有科研仪器设备原值合计	0.044 770 793	4
25	研发	研发费用支出占比	0.051 767 564	2
26	研发	当年科研项目数量	0.013 805 634	31

续表

指标序号	指标类型	指标名称	熵权	排序
27	研发	国家级项目数量	0.030 567 814	16
28	研发	来自非政府的项目数量	0.012 146 757	33
29	研发	来自企业的项目数量	0.011 488 308	34
30	研发	国际科技合作项目数量	0.030 792 539	15
31	研发	申请 PCT 国际专利数量	0.036 410 257	9
32	研发	授权发明专利数量	0.018 831 935	24
33	研发	期末拥有有效专利数量	0.014 346 719	30
34	研发	已被实施的发明专利数量	0.017 332 966	26
35	研发	累计形成国家或行业标准数量	0.033 282 141	12
36	产业化	累计投资金额	0.038 659 067	7
37	产业化	累计基金投资入股企业数量	0.037 146 184	8
38	产业化	累计技术作价入股企业数量	0.047 172 432	3
39	产业化	累计孵化企业数量	0.021 196 262	23
40	产业化	累计服务企业数量	0.022 568 659	21

将用熵权法计算出的 40 项指标的情况与 3 类法人主体进行比对筛选，结果如表 8-4（表 8-4 中的民非指科技类民办非企业单位）所示，留取总体排在前 20 位且 3 类法人主体也排在前 20 位的指标（表 8-4 中用灰度标识）。

表 8-4　熵权法计算的指标排序结果（总体 + 3 类法人主体）

指标类型	指标名称	总体	企业	事业	民非
人才	从业人员期末数量	37	35	38	37
	研究与试验发展人员数量	38	37	37	38
	研发人员占比	39	39	40	39
	行业领军人才数量	28	29	31	28
	具有研究生学历人员数量	35	32	36	35
	具有高级职称人员数量	36	34	35	36
	外聘的流动研究人员数量	32	31	33	33

续表

指标类型	指标名称	总体	企业	事业	民非
人才	招收的非本单位编制的在读研究生数量	14	17	16	19
	累计培养毕业研究生数量	6	16	9	20
经营	总收入	25	21	32	16
	财政拨款金额	20	22	27	18
	承担政府科研项目收入	5	13	5	25
	政府科研项目收入占比	1	24	1	32
	国家级科研项目收入	11	3	13	12
	来自企业的收入	22	20	20	6
	来自企业的技术性收入	17	12	19	5
	来自企业的科研项目收入	10	7	22	17
	技术性收入	19	18	11	2
	技术性收入占比	27	23	25	31
	孵化收入	29	28	6	14
	产品销售收入	18	14	3	7
	产品销售收入占比	13	9	18	4
	净利润	40	40	39	40
研发	单价万元以上自有科研仪器设备原值合计	4	10	2	3
	研发费用支出占比	2	1	10	1
	当年科研项目数量	31	38	28	34
	国家级项目数量	16	19	14	21
	来自非政府的项目数量	33	36	29	30
	来自企业的项目数量	34	33	34	29
	国际科技合作项目数量	15	11	12	8
	申请 PCT 国际专利数量	9	8	4	10
	授权发明专利数量	24	26	24	24
	期末拥有有效专利数量	30	30	30	23
	已被实施的发明专利数量	26	27	21	22
	累计形成国家或行业标准数量	12	6	15	13

续表

指标类型	指标名称	总体	企业	事业	民非
产业化	累计投资金额	7	4	8	9
	累计基金投资入股企业数量	8	5	7	11
	累计技术作价入股企业数量	3	2	17	15
	累计孵化企业数量	23	25	23	27
	累计服务企业数量	21	15	26	26

通过上述方法，最终筛选出 15 项指标，形成了包含 4 项一级指标、15 项二级指标的新型研发机构综合评价指标体系，如表 8-5 所示。

表 8-5　熵权法最终筛选结果

一级指标	二级指标
人才（2）	招收的非单位编制的在读研究生数量
	累计培养毕业研究生数量
经营（5）	国家级科研项目收入
	来自企业的技术性收入
	技术性收入
	产品销售收入
	产品销售收入占比
研发（5）	单价万元以上自有科研仪器设备原值合计
	研发费用支出占比
	国际科技合作项目数量
	申请 PCT 国际专利数量
	累计形成国家或行业标准数量
产业化（3）	累计投资金额
	累计基金投资入股企业数量
	累计技术作价入股企业数量

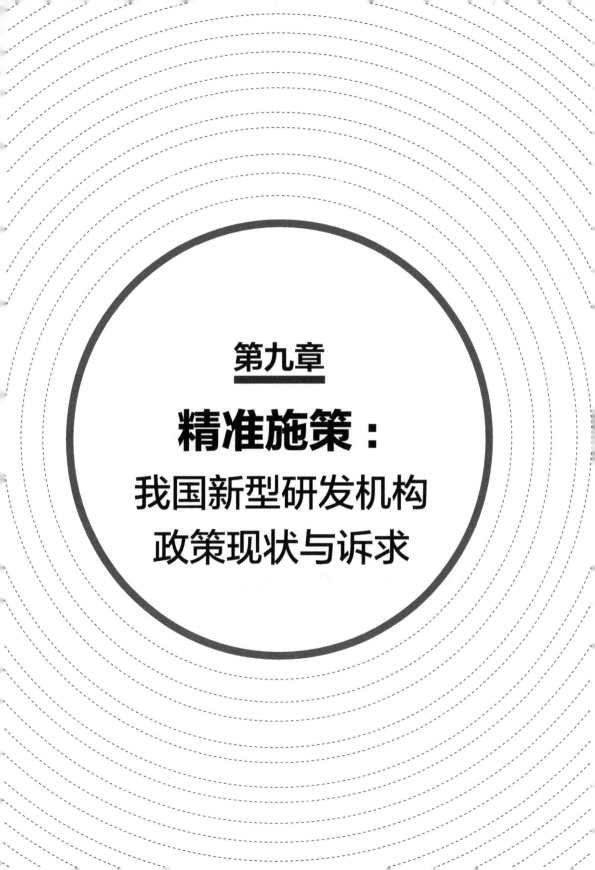

第九章

精准施策：
我国新型研发机构
政策现状与诉求

2015 年以来，国家出台了一系列政策文件，要求各地通过税收优惠、资金扶持、支持平台建设和项目申报等方式，推动企业联合高校院所等建设新型研发机构，强化产学研合作。2021 年 9 月，习近平总书记在中央人才工作会议上发表重要讲话，明确提出要 "集中国家优质资源重点支持建设一批国家实验室和新型研发机构"。2021 年修订的《中华人民共和国科学技术进步法》提出 "国家支持发展新型研究开发机构等新型创新主体"。地方则结合本地实际需求制定新型研发机构相关支持政策。本章从我国新型研发机构政策现状入手，从问题导向出发，分析新型研发机构的政策靶点，从需求侧出发，分析新型研发机构的政策诉求。

第一节　我国新型研发机构的政策现状

本节基于对政策文本的分析，从国家和地方两个层面，对新型研发机构的相关政策内容进行梳理归纳。

1. 国家层面：统筹推动新型研发机构健康发展

（1）国家层面多次发文推动新型研发机构发展

国家层面正式将 "新型研发机构" 列入政策文件是在 2015 年，《深化科技体制改革实施方案》中将 "推动新型研发机构发展，形成跨区域、跨行业的研发和服务网络" 列在 "构建更加高效的科研体系" 这一重要任务中，提出要 "制定鼓励社会化新型研发机构发展的意见，探索非营利性运行模式"。2016年，《国家创新驱动发展战略纲要》和同年出台的《"十三五"国家科技创新规划》都提出要"发展面向市场的新型研发机构"。

2019年9月，科技部制定并发布《关于促进新型研发机构发展的指导意见》（本节简称《指导意见》），在国家层面全面提出了新型研发机构的定义、条件和发展原则，以及一系列支持举措，为发展新型研发机构指明了方向，也为中央和地方出台后续政策奠定了重要基础。2020年10月，科技部、财政部、教育部、中国科学院等4家单位联合印发《关于持续开展减轻科研人员负担激发创新活力专项行动的通知》，提出开展新型研发机构服务行动，研究制定新型研发机构的统计指标，加快建设新型研发机构数据库和信息服务平台，发布新型研发机构年度报告等，部署了面向新型研发机构的一系列工作。2023年1月，国务院办公厅转发商务部科技部《关于进一步鼓励外商投资设立研发中心若干措施的通知》，要求"对于外商投资设立的为本区域关键共性技术研发提供服务的新型研发机构，各地可在基础条件建设、设备购置、人才配套服务、运行经费等方面予以支持"。

（2）明确提及新型研发机构的政策文件数量显著增长

近两年，"新型研发机构"一词多次出现在中共中央、国务院和各部委出台的文件中。经统计，自2015年到2022年，国家层面涉及新型研发机构的政策文件共计43份。

从发文时间上看，以《指导意见》的出台为分界线，2020年国家层面涉及新型研发机构的政策文件数量呈现井喷式增长（如图9-1所示）。

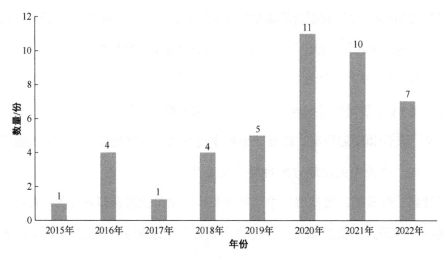

图 9-1　国家层面涉及新型研发机构的政策文件数量

从发文主体上看，43 份涉及新型研发机构的政策文件中，中共中央、国务院发布 14 份，各部委出台 29 份。各部委中，科技部、教育部、财政部是主要的发文机关，其中科技部参与制定 21 份，教育部参与制定 13 份，财政部参与制定 12 份，三部委参与制定的政策文件（含联合发布）共计 27 份。其他部委多是以联合发布的形式出台文件，涉及农业农村部、国家知识产权局、交通运输部等部门。这些发文机关根据各自的职能和特色，针对不同的产业领域和特点，制定支持措施和管理办法，为新型研发机构提供了多元化的服务和保障。

从发文内容上看，政策文件主要包括以下几类。

一是明确提出将新型研发机构列为支持对象，给予税收优惠、资金扶持或平台建设支撑等。 例如，《关于"十四五"期间支持科技创新进口税收政策的通知》中规定"对科学研究机构、技术开发机构、学校、党校（行政学院）、图书馆进口国内不能生产或性能不能满足需求的科学研究、科技开发和教学用品，免征进口关税和进口环节增值税、消费税"，符合条件的新型研发机构购置相关的科研仪器设备可享受相关税收减免政策。国务院办公厅在《关于改革完善中央财政科研经费管理的若干意见》中提到，支持新型研发机构实行"预算＋负面清单"管理模式。财政部、科技部在《中央引导地方科技发展资金管理办法》中指出，引导资金支持新型研发机构建设。教育部、科技部和财政部分别在《前沿科学中心建设方案（试行）》《国家技术创新中心建设运行管理办法（暂行）》中，将新型研发机构作为申报前沿科学中心、建设国家技术创新中心的重要支撑和研究实体。

二是在多个领域，推动新型研发机构开展体制机制改革和政策先行先试等。例如，国家发展改革委、科技部印发的《关于深入推进全面创新改革工作的通知》中将"建立支持新型研发机构发展的体制机制"作为"构建高效运行的科研体系"的重要举措。国家知识产权局等 4 家单位印发的《关于推动科研组织知识产权高质量发展的指导意见》中提到，支持新型研发机构开展有利于促进知识产权转化运用的探索。在基础研究方面，科技部等 5 部门印发的《加强"从 0 到 1"基础研究工作方案》将探索共建新型研发机构作为激励企业和社会力量加大基础研究投入的重要措施；科技部办公厅等 6 家单位印发的《新形势下加强基础研究若干重点举措》中提到，支持新型研发机构制度创新、建设创新平台、承担国家科研任务等。

三是结合行业发展需求，推动企业联合高校院所等建设新型研发机构，加强领域内的产学研合作，加快突破关键核心技术，提升创新能力，推动本行业的高质量发展。国家发展改革委等 13 部门联合印发的《关于加快推动制造服务业高质量发展的意见》中提到，支持科技企业与高校、科研机构合作建立新型研发机构。交通运输部印发的《交通运输部促进科技成果转化办法》中提到，支持有条件的单位联合企业建立新型研发机构，共同开展研究开发、成果应用与推广、标准研究与制定等活动。科技部等 6 部门印发的《关于加快场景创新以人工智能高水平应用促进经济高质量发展的指导意见》中提到，支持新型研发机构探索人工智能技术用于重大科学研究和技术开发的应用场景，并鼓励新型研发机构以人工智能技术与产业融合创新为导向开展人工智能场景创新实践。国务院印发的《气象高质量发展纲要（2022—2035 年）》中提到，强化气象科研机构科技创新能力建设，探索发展新型研发机构。科技部、中国农业银行、农业农村部办公厅等部门或单位也多次发文，支持农业领域新型研发机构发展，加快推动农业科技创新。

四是结合地方发展需求，鼓励建设新型研发机构，进一步集聚创新资源，支持打造区域创新高地。国务院印发的《关于促进综合保税区高水平开放高质量发展的若干意见》和《关于促进国家高新技术产业开发区高质量发展的若干意见》中均提到，在相关区域支持发展和积极培育新型研发机构。科技部联合深圳市政府印发的《中国特色社会主义先行示范区科技创新行动方案》中提到，支持深圳制定新型研发机构项目申请、分类支持等配套政策。科技部等 6 部门印发的《长三角 G60 科创走廊建设方案》中提到，在基础研究、关键共性技术研发与创新成果转化领域，探索建立投资多元化、运行市场化的新型研发机构。科技部在《关于加强科技创新促进新时代西部大开发形成新格局的实施意见》中提到，支持企业与高校、科研院所联合建立新型研发机构。科技部在《长三角科技创新共同体建设发展规划》中，鼓励有条件的高校、科研机构和企业牵头设立跨区域的新型研发机构。科技部办公厅和贵州省人民政府办公厅联合印发的《"科技入黔"推动高质量发展行动方案》中提到，支持贵州创新和完善东西部科技合作长效机制，吸引国家级科研单位、重点大型企业和高等学校在黔布局建设新型研发机构。

五是以新型研发机构为依托，提升相关主体创新能力。 科技部出台的《关于新时期支持科技型中小企业加快创新发展的若干政策措施》中提到，开展新型研发机构培育建设试点，引导面向科技型中小企业创新需求开展成果转化与创新服务。教育部等3部门印发的《关于高等学校加快"双一流"建设的指导意见》中提到，围绕关键核心技术和前沿共性问题，完善成果转化管理体系和运营机制，探索建立专业化技术转移机构及新型研发机构，促进创新链和产业链精准对接。

（3）新型研发机构可获得一系列支持

在国家层面，《指导意见》中提出了一系列支持措施，包括申报各类政府科技项目、科技创新基地和人才计划，组织或参与职称评审工作，通过多种方式激励科技人员开展科技成果转化，构建产业技术创新战略联盟，积极参与国际科技和人才交流合作等。《指导意见》还支持地方政府根据区域创新发展需要，采取以下政策措施：在基础条件建设、科研设备购置、人才住房配套服务以及运行经费等方面给予支持；采用创新券等支持方式，推动企业向新型研发机构购买研发创新服务；组织开展绩效评价，根据评价结果给予新型研发机构相应支持；等等。

除了前文明确提出的针对新型研发机构的政策措施，科技类民办非企业单位（社会服务机构）、事业单位和企业3类新型研发机构可根据其法人类型享受国家层面相应税收优惠。例如，企业型新型研发机构可按规定享受研发费用加计扣除、“四技”税收优惠、高新技术企业税收优惠等。符合条件的科技类民办非企业单位按照规定享受非营利组织企业所得税优惠，职务科技成果转化个人所得税优惠，自用的房产、土地税收优惠等。此外，新型研发机构还可按规定享受首台（套）重大技术装备保险补偿等。

2. 地方层面：初步形成新型研发机构政策体系

一些地方早在几年前就开始推动新型研发机构发展，全国已初步形成支持新型研发机构发展的制度体系。33个地区出台针对新型研发机构的支持举措或管理办法文件共65份，其中，北京、天津、山西、吉林、黑龙江、浙江、福建、江西、河南等9地的政策文件由当地政府或当地政府办公厅牵头印发，辽宁、黑龙江、上海、宁波、厦门、山东、河南、广东、重庆、云南等10地出台的政策文件的牵头单位为2家或以上。推进新型研发机构健康有序发展成为多地落实创新驱动发展战略、加快创新主体培育的重要工作手段。

（1）将新型研发机构纳入区域科技创新体系

将新型研发机构纳入区域科技创新的条例、纲领性文件中，赋予新型研发机构在区域科技创新体系中相应的发展地位，凝聚各方对新型研发机构的发展共识，促进各类资源向新型研发机构集聚。一是将新型研发机构纳入区域科技创新条例，比如2023年发布的《广东省科技创新条例（草案征求意见稿）》的第七章“科研机构”部分，将新型研发机构与国家级重大平台、实验室体系并列，作为科研机构体系的重要组成部分。二是将新型研发机构纳入地方重要科技创新发展规划中。比如北京、上海建设国际科技创新中心，在科技创新中心"十四五"相关规划中，均提出要支持新型研发机构发展，《上海市建设具有全球影响力的科技创新中心"十四五"规划》提出"支持国际一流科研机构、世界一流大学在沪建设新型研发机构"；《北京市"十四五"时期国际科技创新中心建设规划》提出"持续建设世界一流新型研发机构""优化世界一流新型研发机构配套支持政策，建立与国际接轨的治理结构和组织体系"。

（2）明确新型研发机构功能定位并开展认定备案

在《指导意见》的基础上，各地立足科技创新和产业发展实际，统筹谋划新型研发机构发展，强化新型研发机构的功能定位，在功能定位的基础上，通过认定、备案等方式引导新型研发机构发挥核心功能、持续发展。

一是结合地方需求，制定发展规划。浙江提出到 2025 年，建设新型研发机构 500 家，在标志性产业链和重点领域实现全覆盖，新型研发机构研发经费支出占科研机构总支出的比重超过 60%。吉林提出在节能、新能源与智能网联汽车、先进轨道交通装备、现代中药、生物医药和高性能医疗器械、卫星、通用航空、精密仪器与装备、大数据、人工智能与新一代信息技术、新材料、新能源、现代农业等领域，以及未来颠覆性技术领域，重点依托长春新区、国家级开发区、农业科技园区、可持续发展实验区等区域和创新型企业、高校院所，培育引进一批新型研发机构。

二是明确方向定位，避免功能泛化。山东提出新型研发机构以开展产业技术研发为核心功能，兼具应用基础研究、技术转移转化、科技企业孵化培育、产业投融资及高端人才集聚培养等功能。厦门明确新型研发机构应符合厦门"双千亿"工作方向，开展技术研发、成果转化、技术服务、科技企业孵化等活动，这里面不包括主要从事生产制造、计算机编程、教学教育、检验检测、园区管理等活动的机构或单位。

三是突出市场导向，强调体制机制创新。陕西探索以优化创新资源配置为核心的混合所有制组建模式，鼓励技术团队控股；同时支持产投基金、园区投资公司资本注入，与新型研发机构签署合作协议，在运营管理、研发投入、团队建设、项目合作、收益分配等方面改革创新。湖北允许新型研发机构设立多元投资的混合制运营公司，公司负责新型研发机构经营管理，鼓励管理层和核心骨干以货币出资方式持有运营公司 50% 以上的股份。

（3）营造有利于新型研发机构发展的制度环境

灵活的体制机制是新型研发机构的核心特征，一些地区大胆突破，先行先试，为新型研发机构体制机制创新营造制度环境。

一是明确身份，给予新型研发机构和高校院所同等待遇。多地明确提出，新型研发机构在政府项目（专项、基金）承担、奖励申报、职称评审、人才引进、建设用地保障、重大科研设施和大型科研仪器开放共享、成果转移转化、投融资等方面可与科研机构享受同等待遇。

二是充分放权，赋予新型研发机构人、财、物自主权。北京对新型研发机构实行个性化合同管理制度，赋予其人员聘用、经费使用、运营管理等方面的自主权。上海对事业单位型新型研发机构不定行政级别，实行编制动态调整，不设岗位架构限制和工资总额限制，实行综合预算管理。宁波开展科研项目经费"包干制"试点，对项目经费不设具体科目比例限制，由项目负责人或科研团队自主决定如何使用。

三是因地制宜，"一事一议"确定新型研发机构支持方式。江苏、河南、

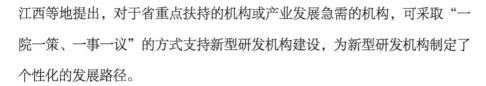

江西等地提出，对于省重点扶持的机构或产业发展急需的机构，可采取"一院一策、一事一议"的方式支持新型研发机构建设，为新型研发机构制定了个性化的发展路径。

（4）多措并举支持新型研发机构建设和发展

近年来，各地在推动新型研发机构健康发展的实践中，在财政投入、成果转化支持、人才支持、金融支持、基础设施支持等方面，做出了一系列有益的探索。

给予财政资金专项支持。各地财政对新型研发机构的支持方式多样，包括直接资助或奖励、后补助、配套资金支持等。

一是为引进高端创新资源或支持新型研发机构建设，对机构给予一次性或周期性的奖励支持。江苏鼓励知名科学家、国外高层次人才和创新创业团队、国际知名科研机构和高等院校、国家重点科研院所和高等院校在江苏发起设立专业性、公益性、开放性的新型研发机构，最高可给予1亿元的财政支持。大连对在人工智能等新兴产业和重点领域建立的开放式研究院等新型研发机构，最高给予每年每所研究院3000万元的资金支持。

二是根据绩效考核评估结果，择优给予一次性奖励或后补助，金额一般为300万～1000万元。山西根据绩效评价和研发经费实际支出等情况，按周期持续给予省级新型研发机构补助。在浙江，对于第三方绩效评价结果为优秀的省级新型研发机构，省财政基于上年度非财政经费支持的研发经费支出情况给予补助。

三是对承担各类科技计划、载体建设项目等的新型研发机构给予奖励或配套资金支持。在天津，对于牵头承担国家科技重大专项和国家重点研发计

划重点专项的新型研发机构，市区两级财政联合，参照国家支持额度，1:1
给予配套资金支持。在山东，对成为国家重点实验室、技术创新中心、制造
业创新中心、产业创新中心、临床医学研究中心、工程研究中心等国家重大
创新基地的新型研发机构，省财政一次性给予最多 3000 万元的奖励支持。

　　四是基于新型研发机构的研发投入、技术成交额等给予奖励或补助，激
励新型研发机构开展研发创新活动。例如，广东基于新型研发机构上年度非
财政经费支持的研发经费支出情况，给予其不超过 20%（上限 1000 万元）
的奖励。河南基于新型研发机构上年度技术成交额，给予其最高 10%（上限
100 万元）的后补助。

　　五是以设备税收补贴、购置补助等形式，支持新型研发机构基础设施建
设。天津、江西等对进口国内无法生产或者性能不能满足需要的、用于科学
研究和科技开发的仪器设备未能享受进口税收优惠的新型研发机构，给予一
定补贴。厦门对于首次认定的新型研发机构以非财政资金购入科研仪器、设
备和软件的情况，按照采购经费的 50% 给予后补助，补助总额最高为 3000
万元。

　　六是以创新券为载体，支持新型研发机构为市场主体提供产品研发、设
计检测、设施共享、咨询等服务。内蒙古、吉林、上海、福建、山东、江
西、广西等地对企业购买新型研发机构服务或委托新型研发机构进行技术研
发所产生的支出，通过创新券给予支持。

　　推动科技成果转化。 打通科技成果到现实生产力转化的通道是新型研发机
构的主要功能之一，各地采取多种措施，推动新型研发机构开展科技成果转化。

　　一是在考核引导方面，河北、黑龙江、山东、广东、福建在新型研发机

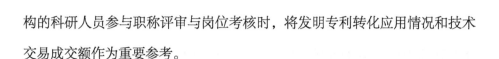

构的科研人员参与职称评审与岗位考核时，将发明专利转化应用情况和技术交易成交额作为重要参考。

二是在所有权归属方面，北京提出，新型研发机构可对由市财政资金支持产生的科技成果及知识产权自主决定如何转化及推广应用。宁波、广西等地在新型研发机构开展科研人员科技成果所有权或长期使用权试点。

三是在转化激励方面，湖北、湖南、四川等地完善相关制度，推动以股权奖励、项目分红等方式，鼓励科研人员开展科技成果转化。

优化人才激励制度。 人才是新型研发机构的核心资源，人才工作成为各地新型研发机构建设的主要着力点，各地在人才引进、留用、晋升、创新创业等方面均有探索。

一是在人才引进和培养方面，主要是对新型研发机构引进的高层次人才给予奖励，对国内外人才提供居留、落户、医疗、社会保险、住房、子女入学等方面的便利。山东、河南等地为新型研发机构的外籍高层次人才在办理签证、居留、工作许可等方面开辟"绿色通道"，福建对新型研发机构引进的符合相关人才政策规定的人员，给予10万～300万元的补助。浙江、河南、山东、湖北等地鼓励高校、科研机构与新型研发机构开展研究生联合招生和培养工作。

二是在职称评审方面，一些地方对新型研发机构予以倾斜。吉林支持新型研发机构开展职称自主评定试点，对引进的国外高层次人才、博士后研究人员、特殊人才开辟"绿色通道"。在山东，做出突出贡献、符合条件的高层次人才可享受专业技术职务"直通车"政策，不受原专业技术职务资格、学历资历、申报条件等的限制，可直接申报评审副高级或正高级专业技术职务。

三是在离岗创业方面，山东、福建、河南、江西等地鼓励高校院所科研人员按照规定带项目和成果离岗创办新型研发机构，或到新型研发机构工作，在一定时间内保留科研人员基本待遇并接续工龄。

引入多元化社会资本。多地为新型研发机构拓宽融资渠道，着力构建多元化投资机制，为新型研发机构建设和开展成果转化活动引入金融"活水"。

一是设立引导基金支持新型研发机构或机构内项目。浙江省创新引领基金通过专设子基金等方式，投资新型研发机构创新创业项目，为新型研发机构创新创业项目给予金融"活水"支持。山东支持新型研发机构发起设立天使基金、创业投资基金、产业孵化基金等，山东省新旧动能转换基金在同等条件下优先给予新型研发机构募资支持。湖北支持省级股权引导基金、创业投资引导基金、长江经济带产业基金设立新型研发机构发展基金，扶持新型研发机构成果转移转化和产业化、高端科技型产业化项目培育、在孵高成长性企业创新发展。

二是对投资机构给予风险补偿。在天津，对投资于新型研发机构衍生的且在天津注册企业的天使类投资，若其发生投资损失，由天津市天使投资引导基金给予投资机构不超过实际投资损失额 50% 的补偿（上限 300 万元）。在福建，对于创业投资机构投资新型研发机构的情况，省财政和当地财政分别给予单个创业投资项目最高不超过项目实际投资额 10% 和 15% 的风险补助。

三是支持新型研发机构开展投资孵化。河南鼓励新型研发机构组建股权投资管理企业，设立天使基金、创业投资基金、产业孵化基金等。宁波支持新型研发机构联合该市天使投资引导基金，共同发起组建天使投资子基金，以阶段参股方式，投资该新型研发机构的科技成果转化、企业孵化等活动。

支持基础设施建设。各地支持新型研发机构基础设施建设的政策主要包括优先土地供应和仪器设备保障两部分。

在优先土地供应方面，作为对国家免征房产税和城镇土地使用税政策的补充，江苏、福建、山东、江西、广东等地提出，符合困难减免税有关规定的新型研发机构，可提出减免税申请，经核准后给予减税或免税。辽宁、黑龙江、浙江、河南等地优先保障新型研发机构建设发展用地需求。湖北鼓励各级政府对该地区内的新型研发机构落地之日起 5 年内，给予前 2 年房租、设备租赁费全免，后 3 年按照市场价减免 50% 租金的支持。

在仪器设备保障方面，多个地区鼓励高校院所等对新型研发机构开放各类科技资源。作为对国家仪器设备进口税收优惠政策的补充，天津、江西、山东、广东等地对未能享受优惠的新型研发机构，给予一定额度的补贴。在国家首台（套）重大技术装备保险补偿机制基础上，福建、河南等地对新型研发机构重大仪器设备的研发和使用给予补助或风险补偿。

第二节　我国新型研发机构的政策靶点

1. 功能定位不准

新型研发机构的主要功能定位就是面向转化链（科技成果转化，4 ～ 6 级），以推动科研向现实生产力转化为核心方向，核心在于组织集成各类创新要素，面向特定产业，形成以研发为核心，集孵化、投资等功能于一体的微创新生态，引导"科学家＋企业家＋投资者"深度合作，实现以高度产业化为导向的创新创业活动。但纵观全国，地方新型研发机构在建设过程中形式主义偏多，对新型研发机构功能定位把握不准，出现了功能混同的情况。

第一，新型研发机构功能定位太过"顶天"，与聚焦基础科研的实验室混同。部分新型研发机构聚焦于前沿研究，目标是产出一流的研发成果，虽然在相关的功能设定上，体现了前沿研究、成果转化、产业赋能等创新一体化功能的贯通，但在具体的运营过程中，难免会偏向线性创新的路径，率先开展基础研究，对企业、产业的赋能不足。

第二，新型研发机构定位太过"立地"，功能混同于科技企业。部分新型研发机构以具体的科研成果转化项目为运营重点，预期产出为具体的产品，难以为行业内企业乃至整个行业提供研发服务，自身成为一个具体的科技企业。

第三，新型研发机构"研发"功能缺失，成为成果供需对接的服务型机构。2021年，有165家新型研发机构（占比为6.84%）的研发投入强度在3%以下，有422家新型研发机构（占比为17.50%）没有有效专利。有些地区的新型研发机构缺少前沿创业团队，缺乏与本地产业的结合，与大学和投资者等合作缺失，特别是部分西部地区的新型研发机构缺少独立的研发部门，技术研发、成果供给能力不足。

2. 自我造血能力不足

新型研发机构因公益属性和科研活动的不确定性，在建设初期往往会得到政府的资金扶持。但由于政府经费数额有限、用途受限，一些机构在"婴儿期"难以获得成长所需的营养，处于"死不了、长不大"的状态，难以形成支撑产业发展所需的规模和能力。大量新型研发机构利用市场力量实现自我造血的能力较弱，无法适应市场竞争，同时难以在短时间内形成灵活多样的投入模式，可持续发展难度较大。

从调查中的收入指标来看，部分新型研发机构收入水平较低，特别是社会服务机构类型的新型研发机构，这类机构 2020 年总收入均值（3888.59万元）远低于新型研发机构总收入均值（8996.87 万元）；部分新型研发机构收入来源单一，特别是事业单位型新型研发机构，其 2020 年总收入中有 52.14% 的收入为政府拨款。从盈余指标来看，近半数新型研发机构年度盈余为负，161 家新型研发机构 2020 年的亏损额在 500 万元以上。

在当前发展阶段，需形成政府资金前期支持、社会资本多元化投入、自我价值实现的有效合力，充分利用社会资源推动新型研发机构走向市场竞争，实现长远发展。在新型研发机构组织建设过程中，某些地方政府存在盲目跟风、追求"潮流"的情况，一些高校院所过分注重短期经济效益，对新型研发机构的研发成效、转化能力、人才梯队、创新文化等还缺乏长远、系统规划，使得机构由于"先天不足"而无法取得长足发展。另外，新型研发机构往往忽视高端产业人才的引进和使用，现有科研人员对业务架构、商业模式认知不足，在内控管理、资本运营、市场营销等方面存在短板，这也成为新型研发机构自我造血能力不足的一个重要原因。

3. 人才吸引力不强

受发展阶段、研发经费、创新体制、文化环境、社会保障等因素制约，新型研发机构在高端科研人才的引进、培育和储备方面存在一定问题。调查显示，新型研发机构的专职高层次科研人才较少，且流动性较大，人才队伍缺乏稳定性。一方面，能研发、懂技术、会管理和善经营的专业复合型人才普遍稀缺，部分由任命产生的管理人员要么过于强调对规章制度的遵守而缺乏工作主动性和创造性，要么强调对短期绩效的追求，不利于长期发展。另一方面，部分新型研发机构的领衔科学家往往只是兼职或者挂名，这就造成领衔科学家不能心无旁骛地在新型研发机构从事科研工作，甚至在“能否取得报酬”这一看似简单的问题上也存在争议。科研人员在新型研发机构工作缺乏归属感和安全感，影响了工作的积极性，新型研发机构的人才集聚效应并不明显。2020 年的调查数据显示，新型研发机构从业人员中两院院士、长江学者等行业领军人才占比仅为 0.96%；留学归国人员和外籍科研人员占比不足 4%。尤其在中部地区，新型研发机构的科研人员中具有研究生学历的人员占比仅为 28.87%，远低于东部地区的 52.71%，科研人员水平还需大力提升。

新型研发机构的人才供给不足还体现在科研人员在高校院所和新型研发机构之间的自由流通机制不畅。一些科研人员更“看重”高校院所在申请项目、职称评审、评奖等方面的“隐性”福利。另外，高校院所在户口、住房以及子女教育等方面的优厚条件对优秀科研人员形成虹吸效应，使得科研人员更愿意在高校院所工作，大量科研人员集聚在高校院所，导致新型研发机构的科研人员供给不足。

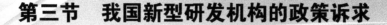

第三节　我国新型研发机构的政策诉求

新型研发机构作为衔接科技与经济发展的重要桥梁，承担着产业共性技术及关键技术研发的关键角色，其公共性与市场性并举的双元功能定位，一定程度上解决了科技成果转化中"二次创新"乏力及创新效率低下等问题，同时也带来机构属性不明、发展定位与现有管理体制机制相冲突的问题。政府需主动承担优化科技政策供给、完善科技评价体系、营造良好创新环境的责任。当前，面向高质量科技供给需求，各地为培育发展新型研发机构开展了一系列探索性的政策创新和实践。但不论如何创新，只要新型研发机构处于现有的管理体制机制中，其运行就必须符合相关国家规范与管理要求。现阶段，新型研发机构在发展过程中难免会遇到各种各样的束缚，解除这些束缚也是我国新型研发机构的政策诉求所在。

1. 建立体系化政策制度，引导发展

目前，国家层面对新型研发机构的支持政策还较为分散，未形成体系化的顶层设计，对新型研发机构在国家创新体系中的功能作用认识不足，对新型研发机构在国家层面的总体部署等尚不明晰，对新型研发机构率先试点示范改革的功能引导和支持有限。国家层面需要完善关于新型研发机构的顶层设计，明确新型研发机构在国家创新体系中的功能定位，优化全国新型研发机构的发展布局，对进一步发挥新型研发机构率先试点示范改革的优势做系统性的谋划，推动新型研发机构形成"总体部署－政策支持－管理规范"体系，与地方协同促进，进一步推动新型研发机构在国家创新体系中发挥更

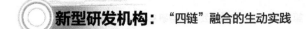

大作用。

2. 完善相关规范性标准，打造样板

在新型研发机构的概念内涵、范围界定、主体认定、管理评价等方面，尚未形成全国统一标准。在各地政策实践中，出现了泛化新型研发机构概念内涵、放大新型研发机构认定范围的现象。在这样的背景下，难以准确把握新型研发机构的内涵要义。在国家层面，目前还缺乏新型研发机构的认定标准，不利于去伪存真、筛选出真正的培育对象，不利于树立正确的机构建设导向，也不便于后期机构运行管理、绩效评价、政策支持等各项工作的开展。并且，国家日前还没有相关的新型研发机构认定或备案工作的部署。随着国家科研体系调整，部分定位为承接国家重大科技专项任务的新型研发机构的主要功能发生了重大变化，新型研发机构需要在新型举国体制下发挥应有的作用，因此需要在国家层面部署一批能够代表国家实力、承担国家任务的新型研发机构。

3. 强化针对性政策支持，弥补缺位

首先是新型研发机构的法律规范缺位。我国的新型研发机构独立法人身份难以界定，按照科技部《关于促进新型研发机构发展的指导意见》，国内新型研发机构“可依法注册为科技类民办非企业单位（社会服务机构）、事业单位和企业”。混杂的法人身份也为新型研发机构的自身发展带来多重困扰，符合法人身份的管理规范与要求和机构运营中的具体需要可能存在矛盾。其次，在国家层面，目前对新型研发机构的支持政策尚未形成体系化的

顶层设计，在专项资金支持、人才职称评审、税收优惠等顶层政策工具支持上还存在缺位。在地方层面，各地参与建设新型研发机构的主管单位和标准认定部门身份多样，缺少统一的归口管理部门，容易引发多头管理问题，造成"都管，或者都不管"的问题，不利于新型研发机构的可持续发展。多数既有政策还停留在如何搭建新型研发机构制度架构，即解决本地从"无"到"有"的问题上，而较少关注从"有"到"优"的问题。

第十章

继往开来：
支持新型研发机构的政策建议研究

深入实施创新驱动发展战略，积极推动科技创新，需要进一步加强科技与经济的融合发展。新型研发机构的建设和发展是时代创新的迫切要求。新型研发机构应势而生，是顺应历史发展和时代要求的必然选择。新型研发机构的培育和发展得到政府的高度重视。本章初步建立新型研发机构发展的基本战略框架，明确促进新型研发机构发展的核心关键，并提出推动新型研发机构高质量发展的政策建议。

第一节　我国新型研发机构发展的战略使命

1. 打造新兴战略科技力量，取得重大创新突破

全球科技创新进入空前密集活跃的时期，新一轮科技革命和产业变革正加速演进，信息技术、生命科学、能源、新材料等多个领域都可能产生重大技术突破，进而催生巨大的产业变革，引发全球创新版图、产业版图的重构。在这样的创新大趋势下，国家之间的科技竞争更加激烈，各国都将科技放在更加重要的地位，试图寻找下一个增长点。自主创新能力愈发成为一国综合国力的核心组成部分，成为全球国家发展战略竞争的焦点所在。

世界科技强国的竞争，是国家战略科技力量的比拼，更加强调整体式研发能力，体现为国家创新体系的布局和运行，即从科研机构到企业和产业的贯穿。《国家中长期科学和技术发展规划纲要（2006—2020年）》中指出，国家创新体系是以政府为主导、充分发挥市场配置资源的基础性作用、各类科技创新主体紧密联系和有效互动的社会系统。科技创新主体由高校院所、

企业和各类技术创新机构组成，已经形成了四角相倚的创新体系。《中华人民共和国国民经济和社会发展第十四个五年规划和 2035 年远景目标纲要》中进一步明确了支持发展新型研究型大学、新型研发机构等新型创新主体。

从全球来看，美、德、日等发达国家均致力于适应科技革命和产业变革需求，利用国家创新体系，强化政府、高校院所与企业的协同，形成紧密的协同创新机制，努力加快基础研究、应用研究到产业化的进程，抢占科技和经济制高点。新型研发机构既是国家创新体系的重要组成部分，本身也发挥了极其重要的作用。比如，美国推出了重振制造业计划，重点举措就是建立 45 个制造业创新研究院，各研究院均采用政府主导、大学和企业参与的模式。又如，作为全球新型研发机构典范的德国弗劳恩霍夫协会，其确定了人工智能、生物经济、数字医疗、氢能技术、下一代高性能计算、量子技术、资源效率和气候技术等面向科技创新战略前沿的研发方向。

新型研发机构具有先行先试、率先示范、体制机制更加灵活、研发创新更加自主等优势，是重要的创新力量，可以在抢抓前沿技术、产业发展先机中发挥重要作用。世界一流的新型研发机构坚持面向世界科技前沿，引进全球顶尖的战略科学家、青年科研人才，采用与国际接轨的治理模式和市场化运作方式，整合产学研用资源，推动多学科研究团队高效合作。新型研发机构加强原始创新和关键核心技术攻关，涌现一批"捅破天"的重大原始创新成果，取得变革性、颠覆性突破，助推我国从跟随式科研向引领式科研转变，进一步完善我国创新体系的构建。新型研发机构面向产业创新链攻关，推动科技创新能力整体式、贯穿式发展，通过推动科技成果转化、科技创业，培育世界一流的硬科技产业龙头、硬科技冠军企业，将领先的科研成果转变为领先的产业优势，助推我国在全球产业分工体系中占据产业制高点。

2. 加强产业共性技术供给，攻克关键核心技术

随着全球局势日趋复杂，我国在科技创新领域遭遇了诸多"卡脖子"问题，严重影响了产业链、供应链安全。当前，中国仍然处在全球产业链、供应链的中低端，高端装备、核心零部件还是短板，供应链上游核心技术受制于人，"卡脖子"问题突出，部分产业链、供应链的可替代性较强，自主可控能力较弱。"卡脖子"问题不仅是过去时和现在进行时，也很可能会是将来时。着力攻克"卡脖子"关键核心技术，维护产业链安全稳定，已成为我国科技界、产业界乃至全社会的共识。破解"卡脖子"问题有两个层次：第一，从根本上攻克当前的"卡脖子"技术；第二，进行前瞻布局，避免未来产生"卡脖子"问题。

我们比过去任何时候都更加需要攻克"卡脖子"技术，也需要锻造"撒手锏"技术。新型研发机构从实际需求和问题出发，天然地与解决"卡脖子"问题这一根本出发点吻合，应该围绕国家使命，体现国家意志，攻克"卡脖子"技术，提高产业链在全球竞争中化解系统性风险的能力，实现产业链、供应链和价值链的安全和畅通。新型研发机构要突破现有"卡脖子"技术的制约，要有明确的目标导向牵引，围绕"卡脖子"技术，运用逆向工程，推动核心技术突破，并推动相关科学理论问题的深入探究，为技术创新夯实知识基础。新型研发机构要实现共性技术的引领发展，平衡核心技术可控和全球价值链嵌入的问题，研发的着眼点更多放在行业上而非具体企业、

项目上，切实做到不与企业和产业争利，实现产业创新的引领，避免产业链、供应链未来被"卡脖子"。一方面，集结产业若干重大技术问题开展扎根研究，进一步加强产业共性技术供给；另一方面，加快对未来技术、未来产业的部署，实现非对称赶超。

3. 提高科技创新协同效率，引领组织机制创新

现阶段，创新效率和资源整合能力是科技创新的关键，欧美等发达国家和地区也在着力推动重大科技资源统筹协同，在国家科研组织层面，"举国体制"被越来越多国家运用。美国 DARPA（国防部高级研究计划局）成为全球科研组织对标的典范，DARPA 支持风险高但是导向明确的项目，通常融合了基础研究和应用性研究，通过目标导向的组织方式，把风险放进一个确定的框架里进行管理，调动产业界参与，推动成果实现军用甚至走向民用。英国、日本、德国都学习美国 DARPA 的做法，如日本在 2019 年推出"登月型研发制度"，在资源协同上，实施"开放封闭战略"，推动挑战性、突破性成果的应用转化。

我们正面临"世界变化了，我们怎么办"的时代命题，需要考虑"走中国特色自主创新道路应该实行怎样的科技创新治理模式"。现阶段，我们拥有目标宏大且清晰的国家创新战略、部门齐全的产业体系、肥沃的科研土壤、国内国际需求旺盛的大市场，在科技创新领域构建新型举国体制顺势而行。2022 年 9 月，中央全面深化改革委员会第二十七次会议审议通过了《关于健全社会主义市场经济条件下关键核心技术攻关新型举国体制的意见》。新型举国体制既要避免视角的窄化，又要避免路径上的僵化，更强调政府和

市场的合力，既要求开展科技创新的广泛动员，形成社会层面的广泛共识和相关领域科技攻关的协同统一，又要求提升市场增进能力，使得科技创新转变为现实生产力。在组织方面，新型举国体制需要创新发展过程中的业务流程重塑、组织结构优化、商业模式变革，以市场化方式组织整合并辅以政府政策支持。在参与力量方面，不同于之前举国体制的中央高度集中统筹，地方政府应该成为新型举国体制的重要参与者，应基于地方持续对创新驱动发展加大布局力度。

新型研发机构具备科技创新资源整合基因，其本身就是政府支持下科研界能力和产业界资源融通的平台，是发挥协同创新体系"集中力量办大事"优势的生动实践。新型研发机构要注重"小核心、大外围"的组织方式，充分用好政府、高校院所、产业领域的各类资源，充分塑造自身开展结构化对话的能力，把科技界、政府、企业、非营利集团和其他公共利益群体等利益相关者集中在一起相互交流、充分碰撞，发现并解决产业创新的问题。新型研发机构要建立更具竞争力、敏捷性和创新性的联合团队，发挥团队中科学家、工程师、投资人等的专业作用，同时以市场化的、充分竞争的科研机制作为辅助，推动资源协同。

4. 促进"四链"深度融合，打造科技创新生态

虽然面临着科技封锁、逆全球化涌动的状况，但创新全球化、网络化的特征和规律并没有改变，人才、技术、资本等创新资源持续流向创新生态优渥的创新高地，科技创新在空间分布上存在明显的极化效应，国家、区域性的创新中心成为代表国家参与全球科技创新竞争的核心力量。《中华人民共

和国国民经济和社会发展第十四个五年规划和 2035 年远景目标纲要》明确提出，支持北京、上海、粤港澳大湾区形成国际科技创新中心，建设北京怀柔、上海张江、大湾区、安徽合肥综合性国家科学中心，支持有条件的地方建设区域科技创新中心。我国在全球科技创新中的竞争具体地反映在北京、上海、深圳等地争创全球科技创新中心的具体实践上，同时，国内各区域也将打造科技创新中心作为重要部署。无论区域的创新资源禀赋、产业演进进程等如何，营造创新生态成为建设科技创新中心和区域创新发展的共同选择。作为全球创新高地的硅谷，其最负盛名的就是"创新生态"，有人形象地称之为"热带雨林"，这成为全球很多国家和地区学习的榜样。

各类创新平台是创新生态建设的核心载体，新型研发机构本身就是平台化的创新组织。首先，新型研发机构集聚了科研人才、创新平台、资本等，积累创新成果，这些创新要素是构成创新生态的根本。其次，新型研发机构是将科技研发作为主要功能的平台，能够为创新生态贡献源头力量。再次，新型研发机构促进技术成果衍生为企业，推动成果向企业扩散并推动企业成长发展，能够形成创新生态中能量流动的过程。最后，新型研发机构经过发展，将衍生的科技创业企业群体与金融资本、产业资源等连接起来，促进产业内更充分的协同互动，形成创新体集群，能够为创新生态建设释放更大的能量。

新型研发机构是创新生态的建设力量，是"四链"融合的生动实践。新型研发机构营造创新生态的落脚点是产业链，促进各种知识和创新资源在整个产业集群创新大系统中创造、转移和应用。新型研发机构营造创新生态的核心动力是构建创新链，不同于传统研发机构强调"计划"或"权威"的特点，新型研发机构充分重视"涌现"和"实践"，开展交叉、融合的科技创新，力求颠覆式创新，孕育更强的创新能量。新型研发机构营造创新生态的根本是构建人才链，秉承以人为本，把握人才是第一要素、高水平的科研成果和社会资本跟着高水平的科技人才走，汇聚了一批全球顶尖的战略科学家、优秀工程师等，开展研发，产生成果。同时，伴随新型研发机构人才创业、产学研合作等，成果跟随人才走向产业。新型研发机构营造创新生态的重要支撑是资金链，资本跟着人才和技术流动，新型研发机构充分拥有科研基金、创投基金等复合科技创新不同阶段的资金工具，推动科研转化为现实生产力，进而为实现高质量发展奠定坚实基础。

第二节 促进新型研发机构发展的核心关键

1. 赋予新型研发机构战略科技力量定位

如今，科技创新范式发生深刻变化，科技创新更加强调贯通"0→1→10"。新型研发机构接轨最先进的科研组织模式，桥接科研界与产业界，不仅是"0→1"的原始创新策源地，而且承担着"1→10"的产业技术研发任务，应该成为国家战略科技力量的重要组成。要支持新型研发机构开展聚焦产业的前沿研究，协同产业界、高校院所等科研界及国外创新资源等，开展产业领域竞争前研究，诞生一批重大原始创新成果。强化由新型研发机构牵头国家重大研发任务的定位，推动新型研发机构中的顶尖机构成为体现国家意志、服务国家需求、代表国家水平的科技中坚力量，增强新型研发机构中科研人员的科研使命感。建议推动新型研发机构成为依托新型举国体制开展核心技术攻关的主力军，发挥新型研发机构链接产业界的组织优势和以应用为导向的研发思维优势，围绕重点产业链，组成由新型研发机构参与形成的核心技术攻关队伍，攻克关键核心技术，有力支撑科技自立自强。

2. 推动新型研发机构形成梯队发展格局

基于目前国内新型研发机构类型多元化、核心功能差异化的基本现状，也基于新型研发机构成为国家创新体系、区域创新体系的重要力量的需要，建议对新型研发机构开展统筹部署，推动新型研发机构锚定不同层次的功能使命，实现梯次化发展。一是面向全球布局一批顶级新型研发机构，对标美国、德国、日本等，聚焦科技创新前沿，引进全球顶尖的战略科学家、青年科研人才，采用与国际接轨的治理模式和市场化运作方式高效运作，充分对标国际一流的新型研发机构的体制机制，瞄准应用导向的前沿研究，再追溯至应用基础研究、基础研究，推动产生一批重大原始创新成果。二是强化统筹引领作用，布局一批平台型新型研发机构，越是开放的平台组织越能吸引生态系统中的其他组织与之互动，国外的新型研发机构非常重视新型研发机构平台化、生态化属性的塑造。国内应高效整合科研资源、产业资源、服务资源等，集中攻关布局平台型新型研发机构，形成锚定不同创新阶段、不同产业的创新单元，发挥更大的创新系统合力。三是立足成果转化，推动实效型新型研发机构发展，支持产业技术研究院等新型研发机构坚持创新，从关注工程技术逐步转向关注前沿技术、"卡脖子"技术，从服务企业转向服务产业，坚持产业孵化，从支撑产业转向引领产业。

3. 引导新型研发机构专业化市场化发展

支持新型研发机构在市场竞争中形成自我造血的机制，就是要理顺社会、政府、市场与新型研发机构之间的关系，为新型研发机构匹配适宜的发展机制。从技术生命周期来看，建议政府重点加强对产业技术中前端（基础研究、共性技术、中试加速）的支持，中后端（商业应用、转移转化、产业化）更多要交给企业和市场，企业与高校院所需要有更多的股权纽带、商业关系与生态关系。因此，对于新型研发机构，前期政府加大投入支持，中期实现财政资本、产业资本与社会资本平衡，后期以自生发展为主。首先应引导新型研发机构完善运营机制，处理好市场化运作、企业化运作、事业化运作的关系，核心是在纯公共产品、准公共产品以及市场化产品之间寻找平衡点。一般而言，在纯公共产品供给方面，可在局部实施事业化运作；在准公共产品以及市场化产品供给方面，坚持企业化运作、市场化运作机制。然后，推动新型研发机构优化管理界面，重点处理好外部监管、院所治理、项目管理间的关系，核心是从"管控"到"治理"。具体来说，要优化新型研发机构的政府主管部门与新型研发机构之间的外部监管关系，也要不断完善新型研发机构本身的院所治理结构和科研项目管理机制。

4. 支持新型研发机构引领改革创新示范

当前，科技体制改革重点已从以政府管理为主转向政府与市场结合、以市场机制为主，传统科研机构改革仍然处于进行时。同时，国内外目前的科技创新态势也对科技体制改革提出了新的要求，要继续发挥新型研发机构的

"鲶鱼效应"，牵引科技体制的深化改革。首先，要依托新型研发机构进一步探索产学研融合的机制，充分发挥新型研发机构联结研究群落和产业群落的重要桥梁作用，支持新型研发机构在治理机制、合作对象选择、合作方式、利益分配机制等方面大胆创新，形成一批可以复制推广的经验。然后，依托新型研发机构优化形成更加灵活的人才机制，为人才在高校院所、新型研发机构、创孵企业之间流动提供更多政策上的弹性和便利，通过人才共享机制，促进高校院所等的科研始终与产业界保持高黏性互动，推动技术跟着人才的流动而转移、扩散到产业内。最后，依托新型研发机构探索国际科技合作的新路径，发挥新型研发机构"官助民办"的优势，支持新型研发机构以多种方式参与国际研发项目，与其他国家高校、科研机构开展联合研发，探索支持新型研发机构在科技创新实力领先的国家、地区设立创新分支机构，成为触达国际科技资源的重要载体。

第三节　推动新型研发机构发展的政策建议

1. 探索明晰新型研发机构的法律身份

新型研发机构应为非营利性公益机构，其独立法人问题在中国现实情境中尤为重要，一致且明确的社会认知对新型研发机构集聚创新资源起着关键作用。建议划定新型研发机构行为边界，划定机构发展"红线"（如不得从事产品销售等）。从长远考虑，建议参考日本国立研发法人制度，以立法的形式给予新型研发机构准确、合适的法人主体地位。在现行法律框架内，尽快制定更切合实际情况的社会组织登记管理办法，提高新型研发机构社会地位。可学习日本等国法定机构改革的经验，推进新型研发机构的立法，以法律的形式对新型研发机构的宗旨、职能和权限进行规定。在具体实践上，可以采取地方先行先试的方式，以地方条例的形式进行规定。推动新型研发机构的立法，一方面能够避免新型研发机构受到人员调整和政策周期的影响；另一方面，也规定了新型研发机构的责任，保障了新型研发机构的权利，真正实现决策、执行、监督的分离和配合，是新型研发机构健康发展的根本所在。

2. 国家组织新型研发机构的认定评价

新型研发机构作为新生事物，其认定标准不是十分明确和具体，给下一步的管理和服务造成不便。建议国家出台统一的新型研发机构认定或备案的相关指导标准，为地方新型研发机构建设部署、准入、日常管理等提供更加明确的依据。新型研发机构作为重要的法定创新主体，需要在实现高水平自立自强等方面发挥更大的作用。建议国家层面依据标准遴选一批资源集聚广、创新能力强、运营模式有效的新型研发机构，使之成为国家级的新型研发机构，形成"国家级—省级—市级—区级"等多层级的新型研发机构体系，强化示范引领，打造国家战略科技力量、区域核心创新力量，在整体工作中实现政府引导与市场牵引的有机结合。

3. 开展新型研发机构绩效评价与示范

过去，地方政府往往只作为新型研发机构的出资者和支持者，缺少对新型研发机构的监督、考核和评价。下一步，国家可以出台针对新型研发机构绩效评价的指导意见，地方层面制定针对新型研发机构绩效评价的指标体系和工作制度。新型研发机构的绩效评价与传统科研机构有所差异，要结合新型研发机构在创新体系中的功能与定位，同时考量其他因素，比如产业生态建设的贡献、科研组织管理的创新、体制机制的有效改革、人才汇聚的情况等因素。充分运用新型研发机构的绩效评价结果，开发新型研发机构系列榜单，开展新型研发机构案例研究和典型宣传，树立新型研发机构发展标杆，促进新型研发机构之间开展学习对标，并引导更多的社会资源支持新型研发机构可持续发展。

4. 强化新型研发机构精准化政策支持

建议政府给予新型研发机构更多稳定的支持，但不多加干涉，支持各种注册类型的新型研发机构在兼顾公益属性的前提下拥有充分的人、财、物自主权，出台系统性的"一揽子"针对性支持政策，先行先试。支持新型研发机构进一步完善自我造血机制，主动创新机制，实践开放式协同，探索最适合自身的管理运行体制和盈利模式。引导有条件的地区建立面向新型研发机构的专项支持政策，支持各地研究制定有针对性、精准化、体系化的新型研发机构支持政策，推动新型研发机构健康发展。

参考文献

[1] 布什,D.霍尔特.科学:无尽的前沿[M].崔传刚,译.北京:中信出版集团,2021.

[2] 杜鹏,王孜丹,曹芹.世界科学发展的若干趋势及启示[J].中国科学院院刊,2020, 35(5):555-563.

[3] 刘晓玲,曾国屏.当代科学研究及其组织运行模式的变化[J].科学学研究,2007,25(4): 598-603.

[4] 埃茨科威兹.国家创新模式:大学、产业、政府"三螺旋"创新战略[M].周春彦, 译.北京:东方出版社,2014.

[5] 科学技术部火炬高技术产业开发中心.中国创业孵化发展报告2022[M].北京:科学 技术文献出版社,2023.

[6] 钟源.2021年全国技术合同交易额超3.7万亿 同比增3成[N/OL].经济参考报,2022- 02-25 [2022-02-25].

[7] 李阳.我国超八成新型研发机构开展产业共性关键技术研究[N/OL].中国高新技术产 业导报,2022-03-14[2022-03-14].

[8] 陈宝明,刘光武,丁明磊.我国新型研发组织发展现状与政策建议[J].中国科技论 坛,2013(3):27-31.

[9] 杨柳纯.为创新而生:一个新型科研机构的成长DNA解密[M].深圳:海天出版社, 2016.

[10]荀尤钊,林菲.基于创新价值链视角的新型科研机构研究:以华大基因为例[J].科技 进步与对策,2015,32(2):8-13.

[11]殷群,贾玲艳.中美日产业技术创新联盟三重驱动分析[J].中国软科学,2012(9): 80-89.

[12]王雪莹.未来产业研究所:美国版的"新型研发机构"[J].科技智囊,2021(2):12-17.

[13]赵正国.美国国家制造业创新网络计划评估机制建设及案例研究[J].科学管理研 究,2019,37(1):110-112.

[14]杨雅南.高端创新:来自英国弹射创新中心的实践与启示[J].全球科技经济瞭

望,2017,32(6):25-37.

[15]于贵芳,胡贝贝,王海芸.新型研发机构功能定位的实现机制研究:以北京为例 [EB/OL]. (2023-02-06)[2023-03-26].

[16]童素娟,蔡燕庆,戴晓青.我国新型研发机构人才引育的特点、问题及对策:兼议德国四大科学联合会人才引育的经验 [J].浙江树人大学学报,2023,23(1):56-63.

[17]莎薇,黄科星,陈之瑶,等.新型研发机构科技成果转化的影响因素及作用机制模型:基于中国科学院深圳先进技术研究院的探索性案例研究 [J].科技管理研究,2023,43(2):127-133.

[18]李泽建,何旭洋.新型研发机构研究热点及其演化可视化分析 [J].科技与经济,2022,35(6):71-75.

[19]范明明,刘贻新,杨诗炜,等.广东省新型研发机构绩效评价研究:基于 DEA 模型的效率分析 [J].广东工业大学学报,2022,39(6):114-122.

[20]俞立平,郑昆.期刊评价中不同客观赋权法权重比较及其思考 [J].现代情报,2021,41(12):121-130.

[21]宋亮,梁鲲,郭英,等.全球典型新型制造业创新载体可持续发展经验研究 [J].机器人产业,2021(6):12-21.

[22]李富宠.新型研发机构创新绩效评价及成长性研究 [D].济南:山东大学,2021.

[23]曾照云,程晓康.德尔菲法应用研究中存在的问题分析:基于 38 种 CSSCI(2014—2015)来源期刊 [J].图书情报工作,2016,60(16):116-120.

[24]黄健.对英美制造业职业教育体系比较与思考 [J].职业技术教育,2015,36(34):70-74.

[25]陈强,余伟.英国创新驱动发展的路径与特征分析 [J].中国科技论坛,2013(12):148-154.

[26]顾建平,李建强,陈鹏.日本产业技术综合研究院的发展经验及启示 [J].中国高校科技,2013(11):38-40.

[27]袁勤俭,宗乾进,沈洪洲.德尔菲法在我国的发展及应用研究:南京大学知识图谱研究组系列论文 [J].现代情报,2011,31(5):3-7.

[28]杨健安.英、德两国大学技术成果转化活动考察与思考 [J].研究与发展管理,2000(3):46-50.

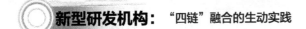

[29]陈力,王赫然,王灿.我国新型研发机构发展现状及问题研究 [J].中国科技产业,2022(6):52-53.

[30]李廉水,王宇,周坤,等.我国新型研发机构治理态势、存在问题及政策建议 [J].今日科苑,2022(5):1-10.

[31]姜春,李诗涵,胡峰,等.突破制度“高墙”:政府支持新型研发机构的特殊制度逻辑:基于深圳、北京、南京、上海实践的比较 [J].中国科技论坛,2022(6):26-37.